U0258759

Philosophy of Technology
An Introduction

技术哲学导论

[美] 瓦尔·杜谢克（Val Dusek）著

张卜天 译

中信出版集团 | 北京

图书在版编目（CIP）数据

技术哲学导论 /（美）瓦尔·杜谢克著；张卜天译
. -- 北京：中信出版社，2023.6（2024.5重印）
书名原文：Philosophy of Technology: An
Introduction
ISBN 978-7-5217-5412-4

I. ①技… II. ①瓦… ②张… III. ①技术哲学－研
究 IV. ① N02

中国国家版本馆 CIP 数据核字（2023）第 033789 号

技术哲学导论

著者：　　[美]瓦尔·杜谢克
译者：　　张卜天
出版发行：中信出版集团股份有限公司
　　　　（北京市朝阳区东三环北路 27 号嘉铭中心　邮编　100020）
承印者：　北京盛通印刷股份有限公司

开本：880mm×1230mm　1/32　　印张：9.25　　字数：224 千字
版次：2023 年 6 月第 1 版　　印次：2024 年 5 月第 2 次印刷
京权图字：01-2023-1289
定价：78.00 元　　　　　　　　书号：ISBN 978-7-5217-5412-4

目　录

导　言

　　就哲学而言，技术哲学是一个相对年轻的领域。名为"现代哲学史"的课程涵盖了文艺复兴时期和 17、18 世纪的哲学家。"当代哲学"则涵盖了 20 世纪初的哲学。哲学的主要分支可以追溯到 2 200 多年前。17、18 世纪的大多数现代早期哲学家即使不是名义上也都事实上从事科学哲学研究。到了 19 世纪中叶，一些物理学家和哲学家撰写了专门关注科学哲学的著作。只有少数重要哲学家对技术做过详细论述，比如 1600 年左右的培根和 19 世纪中叶的马克思。这一时期的大多数"大哲学家"虽然对科学有很多论述，但对技术却鲜有谈及。由于假设技术是对科学的简单应用，或者技术无非是为人类谋利的手段，大多数哲学家自然会对这样的"技术"兴趣寥寥。现代早期哲学中的"行动"乃是围绕着科学知识议题，而不是关于技术。18 世纪末的浪漫主义传统对科学技术持悲观态度。浪漫主义者强调它们成问题和有害的方面，只有少数学院派哲学家才关心对技术本身的评价和批评。特别是在德国，有一种悲观主义文学关注一般现代社会特别是技术社会的罪恶。我们将详细考察这一传统在 20 世纪的几位继承者。在英语国家，除了华兹华斯（Wordsworth）等浪漫主义诗人，以及卡莱尔（Carlyle）、马修·阿诺德（Matthew Arnol）和罗斯金（Ruskin）等 19 世纪中叶的文化批评家，或者社会主义艺术家威廉·莫里斯（William Morris），很少有人对技术评估有过详述。只是随着广岛和长崎的原子弹爆炸，人们才意识到原子弹和氢弹可能实实在在地导致人类灭绝，英语世界才出现了广泛的、流行的、批判性的技术评估。随着人们普遍意识到工业污染及其对环境的破坏是一个重大问题，也许从 1962 年蕾切尔·卡逊（Rachel Carson）《寂静的春天》（*Silent Spring*）的出版，或者从 1970 年的世界地球日，人们又开始关注如何理解技术的负面影响。随着 20 世纪 70 年代末基因工程和克隆人的幽灵开始徘徊，以及用技术操纵人类遗传甚至人性成为可能，对技术的批判性评估又出现了新的议题和动力。

"技术与哲学学会"[1]成立于 1976 年，此时距离哲学的诞生已有数千年，距离人们开始对科学知识的本性进行深入考察已有三个世纪，距离系统科学哲学的诞生已有一个世纪。

技术哲学不仅诞生很晚，而且直到今天也很难说形成了一个稳固的研究领域。其中一个问题是，技术哲学涉及不同知识领域的密切互动：科学哲学、政治哲学、社会哲学、伦理学，以及一些美学和宗教哲学。伦理学和政治哲学的专家很少深入参与科学哲学研究，反之亦然。此外，理想的技术哲学涉及科学、技术、社

1　此处原文为"技术哲学学会"（The Society for Philosophy of Technology），而事实上，在 1976 年建立的学会的准确名称应该为"技术与哲学学会"（The Society for Philosophy and Technology），简称 SPT。SPT 是目前英语世界乃至国际学界最具影响力的技术哲学研究组织，旨在促进对技术的哲学思考，并出版会刊 *Techné: Research in Philosophy and Technology*。Philosophy of Technology 与 Philosophy and Technology 仅一字之差，背后体现的其实是关于"技术哲学"的研究纲领的差异。——译者注

会、政治、历史和人类学等方面的知识。技术哲学家雅克·埃吕尔甚至声称，由于没有人能够掌握所有相关领域，所以没有人能使技术发生转向或偏转（见第 6 章）。

技术哲学的主题是多种多样的。在本书中，我们讨论了科学哲学及其最新发展与技术哲学的关系（第 1 章），还简要讨论了技术的定义的性质以及各种拟议的技术定义（第 2 章）。第 3 章介绍了技治主义或说由科学家和技术专家的精英来统治这一主题，它也被用来讨论一些历史性的技术哲学（比如柏拉图、培根、马克思、圣西门和孔德的那些哲学）。第 4 章讨论了技术理性和一般合理性的问题，考察了对合理性的各种刻画和进路：形式合理性、工具（或手段－目的）合理性、经济合理性、先验合理性和辩证合理性等，还介绍和评价了风险 / 效益分析这种形式合理性，它与数理经济学密切相关，常被用于对技术项目的评估。

接下来，本书考察了与逻辑的、正式经济的、分析的进路截然不同的技术哲学进路。第 5 章介绍了现象学（包括对具体经验的定性描述）和解释学（包括对一般文本的诠释），讨论了将现象学和解释学应用于技术仪器和计算机等领域的几位技术哲学家。

第 6 章和第 7 章处理了与技术如何影响社会和文化有关的复杂议题，讨论和评价了技术决定论（technological determinism），即认为技术变化会引起社会和文化其他方面的变化；以及技术自主论（autonomous technology）[1]，即认为技术在人类控制之外，以其自身的逻辑进行发展。

第 8 章描述了将人与其他动物区分开来的是不是技术，以及人最典型的特征是语言还是技术等争论。

1　也可译为"自主性技术"。——译者注

第 9 章和第 10 章讨论了经常被排除在关于技术的本质和发展的主流叙述之外的群体。尽管大量使用家用技术（household technology），在工厂和电信业中被广泛雇用，但在关于技术的一般叙述中，妇女往往会被忽略。这些叙述常常集中于大型技术项目的男性发明者和建设者，即使一些最出色和最激动人心的当代叙述也是如此（Thompson，2004）。女性发明家、制造业中的女性以及家务劳动的负担往往未受重视。同样，在西方主流的技术调查中，非西方技术往往被搁置一旁。阿拉伯人、中国人、南亚人和美洲原住民对西方技术发展的贡献常常被忽视。美洲、非洲和南太平洋没有文字的原住民的地方性知识（local knowledge），其力量和价值也常常被忽视。然而，民族科学技术（ethno-science and technology）提出了关于合理性在技术中的作用，以及技术本身的本质等方面的议题。

至少从 18 世纪末的浪漫主义时代开始，西方社会形成了一种强大的技术批判传统。与关于进步和技术的纯粹利益的主流信念不同，浪漫主义运动颂扬野生的自然，批判工业城市的丑陋和污染。19 世纪末 20 世纪初，随着科学生态学的发展，人们除了在情感和审美的层面上普遍偏爱自然胜于技术之外，又增加了一个新的维度，即基于科学对工业污染进行批评。1970 年以后，政治生态运动，特别是在德国和美国，成为一场批判甚至拒斥技术的群众运动。甚至连 19 世纪初勒德派（Luddite）的捣毁机器概念也被重新提出。

最后，在 20 世纪后期，技术的社会建构论（social construction of technology，简称 SCOT）成为技术社会学和技术哲学的重要组成部分。这种进路反对并批评技术决定论和技术自主论，这些理论声称技术是以自己的逻辑遵循预定进程的。相反，有人声称在技术发展中存在着大量偶然情况。许多利益集团对某一特定技术的最终形式进行了投入，技术发展道路"显而易见的必要性"乃是一种幻觉。

　　作为一个学科的技术哲学起步较晚，并且涉及大量交叉知识，因此，技术哲学的研究领域很难获得初步定位。一方面，很多技术专家和科技政策制定者撰写了大量诸如"技术与人"的文献，但这些餐后演讲式的文献大多很肤浅。另一方面，一批极为晦涩难懂的哲学家（如黑格尔、马克思和马丁·海德格尔）为我们提供了非常复杂和艰深的欧陆文献。这种源自欧陆的技术哲学的确试图把握技术在历史上的地位，这些文本往往部头巨大且雄心勃勃，但也往往使读者感到望而生畏、头昏脑涨。德国人马丁·海德格尔和他的学生们，比如法兰克福学派的批判理论家阿伦特和马尔库塞，以及法国技术失控论者雅克·埃吕尔，肯定都因其文风的晦涩艰深而"臭名昭著"。加拿大媒介理论家马歇尔·麦克卢汉的文字振奋人心、趣味盎然，但往往无可救药地混乱不清，这表明那种晦涩并不仅仅为欧洲作者所专有。美国自由职业者刘易斯·芒福德是一位建筑和城市规划评论家，同时也是技术理论家，他的文字流畅易读，但有时冗长啰唆。

　　不仅欧洲的主要人物（如海德格尔、阿伦特和埃吕尔，唐·伊德称他们为该领域的"祖父"）晦涩难懂，而且还有一个复杂的情况，即20世纪的其他许多哲学流派也对技术哲学做出了贡献，其中包括英美语言学的和分析的科学哲学。除了欧洲各种哲学流派（新马克思主义、欧洲现象学和存在主义，以及解释学），美国实用主义和英美过程哲学也为技术作家提供了框架。20世纪初被主流分析哲学家广泛拒斥的过程哲学，经由法国后现代主义者德勒兹，在布鲁诺·拉图尔和保罗·维利里奥等常常被称为"后现代的"技术哲学家中经历了复兴。例如，通过这次法国复兴，英美社会建构论科学社会学家安德鲁·皮克林对怀特海产生了兴趣。

　　本书的目标之一是向初学者介绍不同技术哲学观点背后的各种哲学进路。我们将要考察的哲学进路包括分析的科学哲学、伦理学、现象学、存在主义、解释学、过程哲学、实用主义、社会建构论和后现代主义，等等。有些章节讨论现象学和解释学、社会建构论和行动者网络理论（actor-network theory，简称 ANT），以及英美科学哲学。不同章节中还有关于海德格尔哲学、过程哲学和后现代主义的文本框。希望这些内容有助于引导学生进入这样一个已经配备了各种进路和哲学词汇的领域。

　　尽管文献复杂多样，但技术哲学领域有着光明的研究前景。各种常见的哲学分支，如科学哲学和政治哲学，以及上面提到的那些相互竞争的、鲜有交流的哲学流派，可以通过它们在技术哲学中的运用交织和融合起来。

　　最后，我衷心希望本书能够成为引领读者进入技术哲学中诸多迷人的主题和研究进路的指南。

第 1 章

科学哲学与技术

19、20 世纪的许多技术哲学都没有考虑或涉及科学哲学，这里面存在着一种大多数学者心照不宣的理论原因。如果科学只是对事物本身所做的一种未经解释的直接描述，未受社会文化偏见的影响和约束，那么科学就纯粹是现实的一面镜子。此外，如果技术只是应用科学，而且从根本上说，技术是某种给人类带来益处的好东西，那就不存在关于技术本身的专门的哲学问题。也就是说，技术发展的框架以及对技术的接受并不让人感兴趣，只存在关于技术误用的事后的伦理问题。然而，最近对科学哲学的研究表明，科学中充满了哲学预设，许多女性主义者、生态学家以及其他社会批评家都声称，科学中也充满了社会预设。最近研究技术哲学的许多进路都主张，技术首先不是甚至根本不是应用科学。

我们先来概述从现代早期到 20 世纪中叶重要的主流科学哲学，然后再看看最近的一些科学哲学，以及它们如何影响我们对技术的理解。

最广为人知和广为接受的科学哲学（通常出现在科学教科书的导论部分）是归纳主义。弗朗西斯·培根（Francis Bacon，1561—1626）不仅是最早倡导科学的社会价值的人之一（见第 3 章），而且也是归纳法的主要倡导者。归纳主义主张从对个别案例的观察开始，并用这些观察来预测未来的案例。培根列举了他所谓的"偶像"（idols），即个人和社会普遍偏见的来源，这些偏见妨碍了无偏见的纯粹观察和逻辑推理。他声称，其中一个"偶像"即剧场偶像，就是哲学。

归纳主义把个案概括成定律。适合概括的个案越多，概括的可能性就越大。从17世纪到20世纪的英国哲学主要是归纳主义。归纳主义观点在18、19世纪广泛传播到其他国家。到了19世纪，归纳主义的影响是如此之大，以至于连那些并未实际遵循归纳法的哲学家也声称已经这样做了。电磁场理论家迈克尔·法拉第（Michael Faraday，1791—1867）就是一个例子。在19世纪，他被广泛描绘为约瑟夫·阿加西（Joseph Agassi，1971）所谓的"科学灰姑娘"，一个穷苦的男孩，通过仔细、中立的观察，用归纳法做出了重大发现。20世纪的研究表明，他使用了浪漫的哲学思想，并在他的笔记本中做了许多形而上学的思辨，作为其电子猜想的框架（Williams，1966；Agassi，1971）。进化论者查尔斯·达尔文（Charles Darwin，1809—1882）甚至声称他"在没有任何理论的情况下，根据正确的培根原则"进行研究，尽管他的实际方法是猜测假设并推导其结果（Ghiselin，1969）。尽管归纳主义可能仍然是公众最广泛相信的科学论述（尽管不像以前那样占主导地位），但它有一些逻辑问题。最基本的问题被称为休谟问题或归纳的辩护问题。这些都是专业问题，在非哲学家看来可能显得有些吹毛求疵，但它们非常重要，足以使许多科学哲学家（以及思考过这些问题的科学家）远离简单而直接的归纳主义（见文本框1.1）。

逻辑实证主义是20世纪30年代在中欧（主要是维也纳，一个自称"维也纳学派"的哲学家和科学家群体在那里兴起）发展起来的一种哲学，在纳粹主义兴起后，它随着这一学派许多领袖的移民而传播到美国。逻辑实证主义者继承了孔德早期实证哲学的许多精神，但并不包含其明确的社会理论和准宗教方面（见第 3 章对孔德的讨论）。和较早的实证主义者一样，逻辑实证主义者也把科学看成最高的、事实上是唯一的、真正的知识形式。他们认为，除了能够得到经验支持的陈述，所有陈述都是无意义的。这就是意义的证实论：要使一个陈述有意义，就必须有可能证实它（通过经验证据表明它是真的）。这一意义标准旨在将神学和形而上学从有认知意义的领域排除出去。逻辑实证主义者犯了劝导性定义（persuasive definition）的谬误，因为他们以专业方式定义了"无意义"，但随后又以贬抑、轻蔑的方式使用该术语，将其等价于"毫无价值"或"垃圾"。

虽然逻辑实证主义者的确认为科学方法的传播是对人类的恩惠，而且他们大都持有政治改良主义的并且常常是社会民主主义的观点，但他们并不认为政治哲学是真正"科学"哲学的一部分，除了少数例外，他们并没有在分析科学时明确讨论他们更广泛的社会观点。社会学家和哲学家奥托·纽拉特（Otto Neurath，1882—1945）是一个显著的例外，他明确以正面方式提到了马克思主义（Uebel，1991）。（纽拉特还发明了非语言的、形象化的图式和符号，以提醒驾驶员前面有弯道或有鹿穿越公路，以及引导乘客或顾客去洗手间。[Stadler，1982]）然而，甚至连实证主义者及其美国追随者对社会民主主义的暗中支持，也在美国 20 世纪 50 年代初的麦卡锡时代被压制（Reisch，2005）。

逻辑实证主义的"逻辑"部分在于用形式逻辑、数理逻辑来重建科学理论。伯特兰·罗素（Bertrand Russell，1872—1970）在将数学归结为逻辑方面取得了显著成功，从而启发逻辑实证主义者通过假设（公理）和严格的逻辑推导将科学理论系统化。在大多数情况下，他们将科学分解为一组陈述或命题。科学理论主要被当作概念的东西来处理。就此而言，逻辑实证主义者在科学的处理上类似于许多更早的哲学家。实证主义者只是比前人更加精确和严格地分析了陈述的结构和联系。罗素为数学奠定的逻辑基础启发了鲁道夫·卡尔纳普（Rudolf Carnap，1891—1970）等实证主义者，他们尝试发展出一种形式化的归纳逻辑。这一纲领在数十年后的失败几乎使所有科学哲学家确信，卡尔纳普所设想的那种形式化的归纳逻辑是不可能的。归纳包括非形式假设和根据情况而做的决定（见第 4 章）。

出于对精确性和严格性的追求，实证主义者对他们自己经验的或观察的意义标准做了自我批评。虽然这导致了这一标准（意义的证实论标准）的消亡，但这充分说明了实证主义者的诚实和严格，因为他们批评了自己最初的纲领，并且在它失败时坦率承认。由此引出的那种放弃了严格证实标准的略微宽容的立场自称逻辑经验主义。逻辑经验主义者将证实弱化为确证或部分支持。意义的经验标准往往要么过于狭窄，将科学更加理论的部分排除在外；要么过于宽泛，以致允许了科学更加理论的部分，但却将形而上学和神学重新接纳为有意义的领域。最初版本的证实原则将"电子"等物理学中的理论术语斥为无意义的，而该原则却允许"要么这个物体是红色的，要么上帝是懒惰的"被一个红色的物体所证实，从而允许"上帝是懒惰的"有意义。

卡尔·波普尔（Karl Popper，1902—1994）是另一位维也纳的科学哲学家，他熟识那些逻辑实证主义者并与之进行辩论，但其观点在一些重要方面与他们不同。波普尔认为，区分科学与非科学的标准是可证伪性，即遭到证伪或反驳的可能性，而不是可证实性。这就是波普尔界定科学与非科学的可证伪性标准。波普尔还声称，一个理论越可证伪，就越科学。这便引出了这样一种观点，即最科学的陈述乃是科学定律，而不是对特定事实的陈述。（对实证主义者来说，对特定事实的陈述是完全可证实的，因此是最科学的。）特定的事实可以被证实，因此可以达到最大的可能性，而定律则涵盖了范围不定的案例，永远无法被证实。事实上，根据波普尔的说法，定律总是无限地未必成立（infinitely improbable），因为它们的适用范围是无限的，但只有一小部分推论得到了检验。实证主义者的科学观主要把科学看成一堆通过定律概括和组织起来的事实，而波普尔的科学观则主要使科学成为一堆定律。对波普尔来说，特定事实的作用仅仅在于检验定律或试图证伪定律。根据他的说法，科学包括大胆的猜想或猜测，以及决定性的反驳或否定的检验。这就是他的证伪主义科学方法。波普尔接受休谟的说法，认为并不存在对归纳的辩护，因此波普尔将归纳斥为一个"神话"（见文本框 1.1）。假说是猜想和猜测出来的，而不是通过观察个别案例由逻辑产生的。一个假说只要经受住检验，就在科学上被保留下来。只要它能经受住检验，那么无论它是由观察而来，还是由梦或宗教信念而产生，都无关紧要。化学家凯库勒（F. A. Kekulé，1829—1896）梦见一条蛇吞下了自己的尾巴，从而引导他提出了苯环结构假说（Beveridge，1956，1957，1976），就是一个例子，说明高度非理性的来源仍然可以产生可检验的结果。

　　与实证主义者不同，波普尔并未把非科学的或不可检验的东西等同于无意义。对波普尔来说，形而上学可以是有意义的，对科学理论的形成可以有正面的指导作用。波普尔的观点初看起来是违反直觉的，但其推论非常符合检验与批评在科学中的作用，以及普遍定律在科学中的核心性。

波普尔的进路也有其政治含义。批判性进路（对反驳方法的一种推广）是自由思想和民主或者说"开放社会"的核心（Popper，1945），把各种立场看成暂时的和试探性的，这避免了教条主义。对批评的欢迎鼓励了思想开明和言论自由。波普尔将"具体化的教条主义"理解为一个封闭的思想体系，它有各种机制对可能的反对意见或批评意见置若罔闻，不予理睬。对波普尔来说，宗教的原教旨主义和教条的马克思主义就是这种封闭系统的例子。但波普尔认为，科学学派本身可以制定策略来保护自己免受所有批评，因此，科学学派也可以在逻辑意义上变成非科学的，但却被教育机构和资助机构误认为是"科学"。

举一个极端的例子。智力心理学家西里尔·伯特（Cyril Burt，1883—1971）爵士是一位顶尖的体制意义上的科学家，主编过极为重要和严谨的《统计心理学杂志》（*Journal of Statistical Psychology*），曾任伦敦议会的教育分流政策顾问。他创立了高智商人群的组织——门萨（Mensa）俱乐部，甚至因为智商遗传方面的工作而获得爵士头衔。然而，他去世后不久，大多数心理学家都相信，他晚年提供的数据是欺骗性的。诸多证据显示，他编造了一些并不存在的研究助手。他自导自演地以各种化名撰写信件和文章，对自己的研究进行拙劣的批评，以便给自己创造出展示精彩反驳的机会（Hearnshaw，1979）。如果这些证据属实，那他肯定不能成为波普尔的规范意义上的科学家，也就是说，这个人在思想上诚实，乐于接受批评，并愿意拒绝接受自己的理论。

波普尔的观点对社会批判和科学纲领评价都有令人振奋的影响，但波普尔的观点对技术哲学的不利方面在于他造成了科学与技术的明显分裂。科学包括大胆的、未必成立的猜测及其反驳，而技术则需要可靠和可行的装置。一座桥的倒塌造成的人力成本不同于理智上拒绝接受一种粒子物理学理论的成本。波普尔的学生和追随者，比如阿加西（Agassi，1985）和马里奥·邦格（Mario Bunge，1967，Ch.11；1979），对技术哲学做出了重要贡献，但波普尔自己的科学理论虽然有趣，却与技术的实用主义考虑相分离。然而，波普尔的科学进路为研究哲学世界观或形而上学理论如何可能影响科学理论的形成开辟了道路。这反过来又表明，文化观点作为科学理论的一种来源，如何可能至少与观察数据一样重要，并通过应用转而影响技术。

科学哲学的主要争论之一是实在论与反实在论之间的争论，特别是波普尔所说的本质主义与工具主义之间关于科学理论术语的争论（Popper，1962，Ch.3）。科学的某些部分特别接近于观察和实验，科学理论的另一些部分则只是经由漫长的逻辑演绎链条与观察和实验间接联系在一起。物理学中的"电子"一词就是一个例子。科学实在论者声称，科学中的理论术语代表或指称客观上真实的东西，即使我们观察不到它们；反实在论者则声称，不应认为理论术语在字面意义上指称对象或客体。

工具论者将理论仅仅当作预测的工具。理论并不描述真实的、未观察到的结构，但或多或少有益于预测我们可以直接观察到的事物。

实在论和工具论者各自使用的隐喻所基于的理论进路和技术进路，乃是现代科学在文艺复兴时期诞生的历史要素。实在论者常常把科学理论称为世界的"图景"，工具论者则把理论称为预测的"工具"。现代早期科学的诞生也许是两类人的融合：一类人是有文化的学者，他们熟知希腊古典作品和哲学的"世界图景"，但对实用技艺一无所知；另一类人则是缺乏教育但能够熟练使用工具的工匠。文艺复兴的经济困难时期使贫穷的流浪学者与流浪的工匠聚集在一起，产生了"形而上学与技术的联姻"（Agassi，1981），即科学。认为阶级壁垒的打破促成了人文学者与工匠之间的交流（Zilsel，2000），这种说法被称为"齐尔塞尔论题"。虽然埃德加·齐尔塞尔（Edgar Zilsel，1891—1944）将这一过程定位于17世纪，但我们更有可能将其追溯到15世纪的文艺复兴（Rossi，1970）。"文艺复兴时期的人"，比如几何透视理论家、建筑师和家庭社会哲学家莱昂·巴蒂斯塔·阿尔贝蒂（Leon Battista Alberti，1404—1472），以及艺术家、哲学家、科学家和工程师列奥纳多·达·芬奇（Leonardo da Vinci，1452—1519），都是将机械和建筑的精湛技艺与哲学和科学理论相结合的艺术家。画家的画笔和雕刻家的刻刀作为"工具"，让文艺复兴时期绘画或雕塑的形式成就了如此的"图景"。因此，当我们试图追问科学与现实的关系时，那些曾经孕育了现代科学技术的构成要素，如今以工具论和实在论的面目成了理解这个哲学问题的首选隐喻。

只有在逻辑实证主义遇到了概念上的困难后，波普尔与常识相反的科学进路的有趣方面才得到广泛认可。20世纪五六十年代，人们对逻辑经验主义提出了许多批评。逻辑经验主义者的严格和诚实足以限定和限制他们自己的许多主张。逻辑经验主义的历史是维也纳学派原始的、简单的、挑衅性论题持续退却的历史。对逻辑经验主义的这种削弱极大地增加了人们对波普尔替代进路的兴趣和拥护。

然而，最著名也最有影响力的替代方案是托马斯·库恩（Thomas Kuhn，1922—1996）的《科学革命的结构》（*The Structure of Scientific Revolutions*）。库恩从历史的角度来探讨科学。拥有物理学博士学位的库恩为文科生讲授了一门本科科学课程，需要阅读原始文献。库恩对亚里士多德的《物理学》感到困惑，对于受过现代物理学训练的人来说，亚里士多德的《物理学》似乎完全是胡说八道。一天下午，他在宿舍凝视窗外哈佛庭园（Harvard Yard）的树木时恍然大悟，他意识到亚里士多德的主张在一个与现代完全不同的框架内是完全合理的。

　　逻辑实证主义者把科学理论当作静态结构来处理。他们对科学理论做了自己的形式重构，而不是像其创造者和同时代人那样描述这些理论。库恩声称要按照最初的理解框架来呈现科学理论，而不是像当代教科书或逻辑经验主义的形式重构那样来呈现。库恩对科学的解释集中于"范式"概念。范式不单单是一个明确的形式结构，它不仅是明确的理论，也是看待世界的方式。库恩的范式不仅包括（1）理论，还包括（2）默会的（tacit）实验室实践技能，这些技能未有记录，而是通过对专家实践者的模仿来教授的。此外，范式还包括（3）关于什么是好的科学理论的理想，以及（4）关于存在着什么基本实体的形而上学。库恩还将范式与科学共同体的结构联系起来。范式将研究者约束在一个科学专业内，将他们的实验操作和理论实践引向某些方向，并且定义了什么是好的科学理论和实践。后来，库恩区分了作为范例，即作为好的科学理论和实践的榜样的范式，比如伽利略、牛顿或爱因斯坦的作品；以及作为学科基体（disciplinary matrix），即作为科学共同体成员共享的信念体系的范式。

　　库恩对科学范式发展的看法不同于实证主义者和波普尔对理论的解释。库恩否认归纳或波普尔的证伪描述了范式的兴衰。一般来说，一种新范式的产生并没有强大的归纳基础，可以通过修改被反驳理论中的一个或多个假说来回避特定的反驳。原始理论的范围可以被限定，或者可以添加辅助假说。因此，"反驳"并不是决定性的或致命的，稍加修改的"被反驳的"理论可以在范式下幸存。这种情况的逻辑被称为"迪昂论题"（Duhem thesis）或"迪昂论点"（Duhemian argument）（见文本框 1.2）。

范式的瓦解是因为库恩所说的反常的积累。反常并不是严格的反例或反驳，而是似乎不符合范式范畴的现象，或只是作为例外而留下的现象。只有在一种新范式出现并且科学家的拥护发生转变之后，旧范式才会被拒斥。（库恩曾引用物理学家马克斯·普朗克的话说，这是旧的一代人最终死去的问题。[Kuhn, 1962, p.151]）

库恩的进路为广泛理解哲学世界观以及社会意识形态对于科学理论的创造和接受所起的作用开辟了道路。库恩本人既没有强调理论本身的哲学框架，也没有强调接受新范式的外部社会影响，尽管他顺便暗示了这两者。然而在库恩之后，许多科学哲学家、科学史家和科学社会学家开始讨论，哲学观点、宗教信念和社会意识形态如何在科学理论的诞生和传播过程中发挥作用。这反过来又凸显了文化对技术的影响。如果基于各种技术的科学范式具有宗教或政治成分，那么宗教和政治不仅在社会接受方面可以影响技术，而且可以通过技术所用理论的结构来影响技术。这种进路的灵感来自库恩，被用来对抗技术决定论（见第 6 章）。

后实证主义科学哲学提出的两个论题是观察的理论负载性（theory-laden nature of observation）和证据不完全决定理论（underdetermination of theories by evidence）。库恩以及 20 世纪 50 年代末和 60 年代的其他几位科学哲学家，如诺伍德·拉塞尔·汉森（Norwood Russell Hanson, 1958），强调感觉观察如何依赖于理论和诠释的语境。他们诉诸关于感知和视错觉的心理学研究，主张信念和期望会影响感知。迈克尔·波兰尼（Michael Polanyi，1958）强调了诠释技能是如何通过学徒训练和实践来发展的。如何诠释医学上的 X 光片或如何通过显微镜来识别细胞器并不是自明的，而是涉及训练。（詹姆斯·瑟伯［James Thurber］讲述了他在长时间使用一架学校显微镜之后，意识到他正在研究的并不是一种微观生物，而是自己睫毛的反射。）

　　理论依赖观察的另一种形式包括测量和观测仪器的理论在我们解释仪器产生的读数和观测结果中的作用。理论也在选择要观察的内容以及描述和诠释观察的语言中发挥作用。即使知觉观察被机器观察取代，理论对观察报告的性质和结构的这些影响也依然存在。

　　与归纳问题（见文本框 1.1）和迪昂论题（见文本框 1.2）密切相关的是不完全决定论题。许多不同的理论，比如新理论和经过适当修改的据信被反驳的旧理论，可以解释同一组数据。同一组数据点可以通过许多不同的方程来预测或解释。不同的连续曲线可以通过任一点集来绘制，因此可以说这些曲线的许多不同方程描出了这些点。因此，确证或归纳支持的逻辑并不能引出一种独一无二的理论。在选择理论时，需要使用经验证据以外的考虑。诚然，用来解释一组给定数据的数学上可能的理论大都过于复杂，都可以作为不合理的东西加以排除，但如果有不止一种合理可行的理论能够解释数据，那么就会转而思考是否简单或优雅。然而，什么东西被认为简单，依赖于对什么是好的理论的构想，以及科学家或科学共同体的审美考虑。与其他理论的一致性也是对理论选择的非经验约束。许多科学知识社会学家和从事科学技术学的后现代主义者都既诉诸蒯因—迪昂论题，又诉诸不完全决定论题。

文本框 1.1 归纳问题

18 世纪初，苏格兰哲学家大卫·休谟（David Hume，1711—1776）提出了所谓的归纳问题。它实际上是归纳的辩护问题。休谟承认我们使用归纳，但他认为这其实是个习惯问题。后来的哲学家乔治·桑塔亚纳（George Santayana，1863—1952）称之为"动物忠诚"。我们期望未来像过去一样。休谟提出了为我们相信归纳提供辩护或理性理由的问题。通常人们给出的回答是"归纳管用"。休谟并不否认它管用，但休谟指出，我们真正的意思是归纳（或一般意义上的科学）"在过去管用，因此我们期望它在未来也管用"。休谟指出，这种从过去成功到未来成功的推理本身就是一种归纳推理，它依赖于归纳原则！因此，诉诸成功或"它管用"是循环论证，它暗地里将归纳原则应用于归纳本身，试图用归纳原则来为归纳原则辩护。休谟显示了其他辩护努力（比如诉诸可能性而不是确定性）为何也是失败的，或是以假定作为论据。与休谟同时代的大多数人都没有看到这个问题，他们对休谟的主张不予理会。然而，哲学家伊曼努尔·康德（Immanuel Kant，1724—1804）却认识到休谟问题的重要性，并称之为"哲学的丑闻"（考虑到它的含义，他本可以称之为"科学的丑闻"，尽管大多数执业科学家并不知道这一点）。康德的解决方案是，建立在人类心灵中的原则，比如因果性和必然性，使我们能以允许规律性和归纳的方式来组织我们的经验。康德的解决方案的代价是，自然的规律性不再能在独立和外在于我们的事物本身当中被认识，而是我们构建我们的经验和自然知识的方式。也就是说，我们无法知道"事物本身"遵循合乎定律的规律性，而只能知道我们的心灵被构造成要寻求这样的规律性，并通过这些定律来构造我们的经验。卡尔·波普尔承认休谟问题是不可解的。然而，波普尔的解决方案包括不再主张科学使用归纳。就这样，对休谟问题提出的解决方案引出了与通常的理解相去甚远的科学观点。我们要么通过归纳来组织我们的经验，但无法知道自然是否真的合乎定律；要么从未真正使用过归纳，但欺骗自己认为使用过归纳。

文本框 1.2　迪昂论题

　　库恩声称，常规科学中的范式不会因为被反驳而遭到拒斥，这种观点背后的逻辑正是迪昂论题。皮埃尔·迪昂（Pierre Duhem，1861—1916）是物理学家、哲学家和科学史家，他在 20 世纪初提出，无法对理论进行判决性的反驳。他的写作早于波普尔几十年，但他的论点最具挑战性地反驳了波普尔的证伪理论。迪昂指出，如果一个理论由若干条假说或假设组成，那么对整个理论的反驳并不能告诉我们哪条假说是错误的，而只能说整个理论做出了错误的预测。迪昂还提出并举例说明，当理论遭到反驳时，可以改变某个次要假说或辅助性假说，使修改后的理论能够正确描述使原始版本遭到反驳的情形。例如，碘的行为似乎反驳了波义耳的气体定律，但化学家和物理学家修改了波义耳定律，声称它只适用于理想气体，然后声称碘不是理想气体。（在理想气体中，所有分子都是相同的。碘气是具有不同数目碘原子的分子的混合物。）

美国哲学家蒯因（W. V. O. Quine，1908—2000）概括了迪昂的观点，指出如果允许足够激烈地做出修改和重新定义，那么任何理论都可以从任何反证据中被拯救出来（1951）。蒯因允许采取一些极端的策略，比如改变理论的形式逻辑以及"借口幻觉"（当然，极端的蒯因式策略也可以包括转变理论术语的含义以避免反驳）。这被称为迪昂—蒯因论题（Duhem-Quine thesis），它影响了建构论的科学知识社会学家以及从事科学技术学（science and technology studies）的后现代主义者。后者主张，由于没有证据可以决定性地反驳任何理论，所以理论遭到拒斥的原因涉及非证据议题，这些议题并不是科学逻辑的一部分，比如政治、社会或宗教的利益和世界观，而这些观点又可以反过来影响基于该理论的技术。

哲学家对于强弱不一的各种版本的迪昂论点的正当性有不同意见（Harding，1976）。分析的科学哲学家一般会为较弱的、原初的、迪昂版本的论题辩护，而科学技术专家则一般会选择较强的蒯因版本，因为它似乎使证据几乎与科学无关（见文本框6.3和第12章关于科学知识社会学的讨论）。

科学知识社会学

　　库恩（和当时的其他一些科学哲学家）的工作，使得对科学的思考注意到被实证主义科学进路所忽视或认为不值得研究的一些问题和因素。库恩的范式进路使科学也可以受到传统上人文学者对艺术和文化所做的那种考察。它还使科学可以受社会考察，不仅针对科学机构和科学网络，而且针对科学理论的内容（科学知识社会学或 SSK）（见第 12 章）。特别是英国的一些科学社会学家参与了这项研究。

　　早期的知识社会学是由卡尔·曼海姆（Karl Mannheim，1893—1947）在 1936 年发起的，他研究了政治和宗教信念，但将科学主张排除在社会学解释之外（1936，p.79）。大多数社会学家都认为自己是科学家，他们至少都认同孔德那种客观、合法的社会学知识的实证主义理想的一种弱化版本（见第 3 章对孔德的讨论）。在 20 世纪 70 年代之前，对科学的社会学研究大都关注期刊引用网络或资助模式和专业化，认为科学内容超出了社会解释的范围。罗伯特·K. 默顿（Robert K. Merton，1910—2003）富有影响的科学社会学研究集中于科学规范，它们都是科学共同体宣称的价值观。这些规范包括：（1）普遍性；（2）无私利性（研究中没有基于利益的偏见）；（3）"公有性"（共享数据和结果）；以及（4）有条理的怀疑性（倾向于对结果和理论进行怀疑和质疑）。这些价值观类似于卡尔·波普尔的科学规范，尽管后来波普尔强调这些是科学的理想，而不是对科学家实际行为的描述。（与波普尔相反，库恩声称对科学家的实际行为进行了描述。）受过哲学训练的科学社会学家史蒂夫·富勒（Steve Fuller，1997，p.63）曾指出，默顿将科学家表面上宣称的理想当成了对实际科学行为的描述，而政治宗教社会学家则经常怀疑甚至揭穿明确宣称的理想，并将其与政客和宗教人士的实际行为进行对比。重要的是，默顿在一篇关于纳粹德国极权主义对科学的束缚的文章中首次讨论了科学的规范（Merton, 1938）。他用"公有性"（communism）一词来指共享数据，显示出他早期左翼政治观点的残余。后来，默顿将科学的这些规范主要与苏联的规范进行了对比。

科学知识社会学声称，科学的陈述、定律和实验本身就是正当的科学研究对象。早期的科学哲学家和科学社会学家认为（许多人仍然认为），科学错误可以通过社会原因或心理原因来解释，但科学真理不能。大卫·布鲁尔（David Bloor, 1976）开创了他所谓的"强纲领"，提出了：（1）对称性原则，即对于科学中的真理和错误以及理性和非理性的行为都应给出同样的因果解释；（2）因果性原则，即所有关于科学知识的解释都应该是因果的；（3）公正性原则，即科学知识社会学对真与假、合理性和不合理性应该是公正的；（4）反身性原则，即这些原则应当适用于社会学本身。

其他科学知识社会学家，如哈里·柯林斯（Harry Collins, 1985），将科学陈述的真与假悬置起来或说放到一边，用同样的方法和进路来研究引力波和超心理学。科学知识社会学领域的许多人遵循科学知识的社会建构进路（见第 12 章）。社会建构进路可以意指很多事情。这一论点最弱的版本是，科学理论和实验的形成乃是基于人的社会互动。这一主张是合理的。科学不同于内省知识，因为科学应该是公开的和可复制的。科学是一项社会事业。另一项合理的主张是，技术仪器在字面意义上是从物理上建构的。但这样一来便出现了一个问题：是应当以"建构"这个统一的概念来思考概念的建构和仪器的建构，还是有两种不同的活动正在非法地混合进行？

社会建构立场的一个更强的论点是，科学的对象或科学真理都是社会建构的。如果后一主张意指，我们认为是科学真理的东西或我们相信是科学真理的东西都是社会建构的，那么它就还原为前一立场。社会建构论的许多捍卫者会声称，真理与我们所认为的真理并无区别。这是真理共识论的一个版本，即真理就是共同体所相信的东西。极端社会建构论的反对者声称，我们认为存在的对象可能不同于真正存在的对象，我们的共同体认为是真的东西可能不是真的。

　　在社会建构论和相关进路的贡献中，案例研究表明了共识是如何在科学共同体中形成的。政治谈判、诉诸杰出科学家的权威、对盟友的招募，以及对犹豫不决者的修辞说服都起着作用。科学以外的因素常常会发挥作用。19 世纪中叶路易·巴斯德（Louis Pasteur，1822—1895）的实验拒绝承认从非生命的物质中可以自发产生生命，这受到了天主教会的欢迎，因为这些实验捍卫了神创的必要性。虽然巴斯德本人并没有出于自然原因而拒绝承认生命起源于遥远的过去，但他乐于迎合他那个时代法国的保守气氛（Farley and Geison，1974；Geison，1995）。共识往往是在没有考虑一些重要反驳的情况下形成的。一些不一致的实验和研究因为实验者的声誉或缺乏威望而被拒斥，不符合预期结果的数据被忽略。一旦得出结论，它回想起来似乎是不可避免的。但很难回忆或想象之前的不确定状态和分歧状态。

社会认识论

　　在 20 世纪的最后 20 年，英美分析哲学中发展出了社会认识论（知识的社会理论）这个领域（Fuller，1988；Kitcher，1993）。与传统认识论一样，但与科学知识社会学不同，社会认识论是规范性的。也就是说，它涉及对科学家提出的知识主张做出评价。一方面，社会认识论不同于传统哲学的认识论，因为它把知识特别是科学知识看成一种社会成就而不是个人成就。另一方面，社会认识论不同于库恩等"历史主义的"（历史导向的，而不是逻辑导向的）后实证主义科学哲学，主张采取一种描述的进路。它还不同于大多数社会建构论的科学社会学所采取的评价中立的立场，比如前面提到的柯林斯对真理主张的悬置。费耶阿本德（Feyerabend）等"历史主义的"科学哲学家在评判和拒斥某些科学理论时确实采取了评价立场，而社会建构论者在宣称一种中立立场时，则常常暗地里揭穿科学家提出的传统的"朴素"真理主张。建构论者并不像他们宣称的那样在规范上完全中立，这可见于一个事实，即尽管他们中立地对待神秘学或超心理学，但迄今为止还没有人能以一种评价中立的方式对待种族主义科学或纳粹科学。

女性主义的、生态学的和多元文化的科学技术学

如果接受库恩的观点，认为世界观和自然态度等文化因素对于科学理论的本质具有重要意义，那么批评占支配地位的社会态度的科学理论家就可以对各种科学技术本身的理论和方法进行批评。在采取这种进路方面，当代社会的女性主义者和生态批评家表现突出（见第9章和第11章）。同样，人类学和科学技术的一些文化研究进路也批评了西方科学技术的普遍性假设。这些反应注意到了古代和中世纪的埃及、巴比伦、中国、印度和穆斯林文明中较早但往往卓有成效的科学技术进路。这些文化为西方贡献

了大量的技术和科学，但它们的研究所基于的世界观和形而上学往往与现代西方科学的大不相同。多元文化批评家由此提出了西方科学的所谓"普遍性"问题（Harding，1998）。

同样，在无文字社会中，"地方性"知识往往包含大量关于当地植物的医药价值和其他价值、农业技术、恶劣气候下的生存技能和航行技能等知识。当代民族植物学家研究当地治疗师使用的本土疗法和植物化学。北极地区西部的探险者从因纽特人和北极地区其他居民那里借鉴了他们的服装设计和许多生存技巧，通常都没有归功于他们。有时事实证明，当地以宗教为基础的季节性种植周期，如巴厘岛的种植周期，在农业方面显然比西方"专家"的建议更为有效。社会建构论和后现代主义的民族科学捍卫者有时声称，民族科学仅仅是西方科学的一种替代知识，西方科学本身就是一种以实验室为地方的"地方性知识"（见第 10 章）。

"科学大战"

随着女性主义者、原住民文化活动家、生态学家等对科学的政治批判研究在库恩之后的发展，以及科学知识社会学研究和对科学文本的文学研究的发展，强大的反对声浪出现了，涉及许多不同群体。有些科学家和技术专家认为，他们领域的客观性正在被科学的社会、政治和文学研究错误地否认。还有政治保守派，女性主义和民族运动的反对者，以及生态运动的反对者。人文学科中也有反对后现代主义运动的传统人文学者（见文本框 6.3）。这些群体已经形成了一种不稳定的联盟，来攻击所谓"科学大战"（Science Wars）中的新科学学（new science studies）（Ross，1996；

Dusek，1998）。大量文章，无论是学术性的还是论战性的，都是为了支持和反对新科学学（Koertge，1997；Ashman and Baringer，2001）。科学大战中最著名或说最臭名昭著的事件就是索卡尔骗局（Sokal hoax）。物理学家艾伦·索卡尔（Alan Sokal）写了一篇题为"超越边界：走向量子引力的变革性解释学"（1995）的文章，其中隐含着科学学和对科学的政治批判中极为荒谬和夸张的说法。他在一份文化研究杂志上成功地发表了这篇文章，然后又揭露了自己的骗局。此后，争论双方发表了数百篇新闻报道、社评和正反两方的文章，以及从保守的政治评论员拉什·林博（Rush Limbaugh）和乔治·威尔（George Will）到各位著名科学家和人文学者写给编辑（*Lingua Franca*，2000 的编辑）的怒气冲冲的信。至少有两名科学学研究者被剥夺了有声望的职位，一名编辑因参与作为科学斗士的科学家的投书运动而提前退休。新世纪伊始，引起大众媒体关注的科学大战之火已经渐熄，但它继续以不那么公开和明确的形式闷烧。

工具实在论

科学哲学中后来的一项发展与技术哲学最为相关，那就是被唐·伊德（Don Ihde，1991，p.150 n.1）称为工具实在论的科学进路。实证主义者，新科学哲学中库恩的追随者和继承者，甚至是科学知识社会学学者，都把科学主要当作一种理论事业来关注。经验检验限定了实证主义对科学知识的定义，但检验的范例一般是直接观察。

伊恩·哈金（Ian Hacking，1983）、罗伯特·阿克曼（Robert

Ackermann，1985）和彼得·伽里森（Peter Galison，1987）等哲学家和历史学家都强调观测仪器的中介作用以及科学知识的操作性。约翰·杜威（John Dewey，1859—1952）等美国实用主义者很早就强调，对自然的物理操作对于知识至关重要。然而，后来的学术实用主义受到了实证主义者的强烈影响，对实践和操作的强调在后来"实用主义的"科学叙述中有所减弱。

库恩在他对科学的描述中包括了默契的实验室技能，但后来在科学哲学辩论中对库恩的讨论主要集中在范式的概念方面。杰罗姆·拉维茨（Jerome Ravetz，1971）将库恩对科学的技艺性的强调和迈克尔·波兰尼的默会技能概念发展为将科学彻底视为技艺来处理，但影响不大，也许是因为这既不完全在科学哲学中，也不在发展中的科学知识社会学中。20 世纪 80 年代的工具实在论者对科学具体的、主动的方面予以强烈关注，这成为科学哲学中的一场重要运动。对工具实在论者来说，科学仪器乃是科学的核心。仪器观测主动的、操作的方面优先于被动的观察和沉思。今天，大多数科学观测远远不是早期天文学和博物学的肉眼观测。从纯粹的、无偏见的感知中进行归纳的"培根式"理想被当代科学观测的技术负载性改变。我们的仪器准许我们向哪里看，我们就看向哪里，法国物理学家称这种倾向为"灯柱的逻辑"。这源自一则古老的笑话：一个醉汉因为光线更好而在灯柱下寻找钥匙，尽管他把钥匙掉到了漆黑的街区。

既然当代科学如此牵涉并依赖于复杂的技术仪器，因此，只要科学发现基于观察，技术就先于科学，也推动科学发展。这与把技术解释为"应用科学"截然相反，后者认为，科学先于技术并推动技术发展。在布鲁诺·拉图尔（Bruno Latour）等人的"技科学"（technoscience）观点中，技术与科学在今天密不可分。认为现代科学依赖于技术，这与马丁·海德格尔（Martin Heidegger，1889—1976）后来的观点有些相似（见文本框 5.1）。海德格尔认为，技术是现代状况下的基本事实或基本力量，技术在哲学上先于科学。[1]

工具实在论改变了理论与观察的界限，使纯理论的领域变得极小。如果能否操作是判断被操作实体是否实在的标准，那么以前在科学哲学中被视为"纯理论"的许多东西就成了实在的。哈金的著名例子是，当他听说基本粒子（哲学家常常将其视为理论实体）可以被喷射时，他得出结论：如果基本粒子可以被喷射，那它们就是实在的（Hacking，1983）。本章前面提到的实在论/工具论争论将理论实体视为沉思的对象，而不是操作的对象。通过拒绝这种沉思的立场，工具实在论者不仅使现代科学与技术的密切联系更加清晰（从而隐含地证明，后现代的科学学将两者结合成"技科学"是正当的），而且消除了日常经验与科学对象之间的断裂。

唐·伊德从现象学的角度探讨和整合了工具实在论者的工作（见第 5 章）。他认为，即使涉及先进抽象理论的最深奥的科学研究也是高度知觉性的，因为通过仪器进行检验是知觉的延伸。伊德还指出，仪器作为身体知觉的延伸（或者毋宁说，实实在在地并入身体知觉），甚至将人的具身融入最神秘、最先进的科学中。

1　本书此处对"技术在哲学上先于科学"的解释其实主要来自唐·伊德，而非海德格尔的原意。在《技术的追问》中，海德格尔在存在论的维度上提出了"现代技术先于现代科学"的著名观点。作为后现象学的代表人物，伊德虽然赞同海德格尔的观点，但是为这种观点添加了更多经验层面的解释。伊德从工具实在论的角度出发，认为没有现代实验仪器的加持，现代科学理论是难以建立的，现代科学本质上是技科学。总之，虽然两人都认为"技术在哲学上先于科学"，但是所谈论的维度是不同的。关于两人之间论述的差别，详见伊德专著《海德格尔的技术：后现象学的视角》（*Heidegger's Technologies: Postphenomenological Perspectives*），第 2 页。——译者注

从后实证主义科学哲学中发展出工具实在论进路的一个讽刺之处在于，在运用于科学史时，工具实在论进路对实验的强调又重新引入了科学方法的归纳特征。然而，正是归纳问题以及像波普尔那样的对它的回应，才使科学受理论驱动以及观察的理论负载性得到强调。运用工具实在论进路的科学史家和科学社会学家也许不会受这些问题的困扰（尽管至少有一位科学知识社会学家柯林斯，用归纳问题来削弱对科学变迁的经验解释）。工具实在论带我们兜了一整圈儿又回到了原初的（如果不是最简单的）归纳主义。然而，哲学家也许需要联系对工具实在论进路的辩护，重新考察一下他们对归纳的逻辑问题的处理。

结　语

归纳主义支持这样一种观点，即科学直接产生于不受理论偏见影响的知觉观察。逻辑实证主义或逻辑经验主义的科学哲学经常被用来强化科学是中性的、技术是应用科学等观念。波普尔的证伪主义或判决性进路得到了迟来的赞赏，它允许理论先于观察，以及哲学理论作为科学理论的背景框架。库恩和后实证主义的、历史主义的科学哲学为思考哲学、宗教和政治如何影响了科学理论的创造和接受打开了大门。女性主义、生态主义和多元文化主义的批评家，用库恩的范式概念来揭示他们声称普遍存在于西方主流科学技术的方法和结果中的偏见。科学知识社会学家强调，证据逻辑和对理论的反驳并不能决定理论变迁的进程。相反，著名科学家的声望、盟友的招募以及竞争团队之间的谈判导致了科学争论的终结，后来这被归因于自然事实。工具实在论者强调，在当代科学中，观察本身是通过科学仪器技术进行调节的。技术不是应用科学，而是先于科学观察。

研究问题

1. 你认为归纳主义作为一种科学方法论是让人满意的吗？如果不是，为何那么多科学家坚持它？

2. 科学理论是被反证决定性地驳斥了，还是"避其锋芒"、重新加以调整以适应旧版本的反证？如有可能，请举出一个未见于本章的例子。

3. 科学理论是直接源于观察，还是受到了其创造者的假设和世界观的影响？

4. 参与"科学大战"的那些科学家嘲弄和无视对科学理论何以成功的社会学和文学解释，认为科学的社会、政治和修辞方面与科学的真理性和有效性无关，你认为这有道理吗？

5. 工具实在论的进路是否消除了归纳进路、波普尔的证伪主义进路和库恩的进路等早期科学叙述所提出的问题？

第 2 章

什么是技术：
对技术的定义或刻画

为什么要为定义费心？

根据我的经验，许多学生，特别是在自然科学中，对争论定义很不耐烦。定义往往被说成"仅仅是语义上的"，似乎显得钻牛角尖。的确，定义是语义上的，因为它们处理意义，但很难说是琐碎和无足轻重的。许多看似重大的分歧，实际上都源于争论双方对于讨论的内容（比如宗教）有两种不同的定义，但没有意识到这一点。人们往往认为定义是纯粹主观的，这意味着不必把精力浪费在选择相反的或替代性的定义上。这本身基于一种对定义的看法，但并不是唯一一种。我们将通过领会人们使用的各种定义及其与不同哲学观点的联系来学习哲学。

看看不同的技术定义，就可以看出可选定义的种类以及对技术的刻画。即使没有找到每个人都能认同的最终定义，对技术的定义进行考察也可以向我们展示可以算作技术的东西的范围，以及人们对于某种东西是否应当算作技术存在分歧的一些临界案例。即使没能找到最佳定义，也有助于我们探索该领域的布局。

定义的种类

让我们看看几种不同的定义。一个极端是关于真实定义的古老概念。古希腊哲学家苏格拉底、他的学生柏拉图，以及柏拉图的学生亚里士多德都持有这种对定义的看法。这种观点认为，世界有一个与我们的语词相对应的真实结构，一个正确的定义将与事物的真实本性一致。苏格拉底不断质疑人们对正义、勇敢或虔诚等概念的定义，并向他所质疑的人表明他们的定义如何与他们的观念不符。苏格拉底似乎认为，而柏拉图则明确指出，正义、勇敢和虔诚有一种真实的本性或结构，真实定义将与之相符。亚里士多德声称对象有本质，真实的定义将与之相配。柏拉图和亚里士多德所寻求的这种真实定义被认为是"在关节点上切分自然"，也就是说对应于事物的"自然类"（natural kinds）。一些当代思想家认为科学定义，比如通过原子量和原子数来定义化学元素，就是这个意义上的真实定义。技术研究领域的一些作者最近声称，海德格尔和雅克·埃吕尔（Jacques Ellul）等20世纪讨论技术的主要学者都在错误地寻求技术的"本质"。事实上，海德格尔拒绝接受柏拉图和亚里士多德关于形式与范畴的传统论述。然而，海德格尔和埃吕尔的确提出了他们声称的单一、真实、核心的技术概念。

另一种近乎相反的对定义的看法是规定性定义，这种观念更接近今天许多人所持的定义观点。据称，定义是任意的选择或规定。定义是关于语词的，而不是关于事物的。反对真实定义的人否认存在自然类或可以通过定义来把握的事物的真实本质。

根据唯名论的观点，定义将个体的世界任意划分成事物的类。一个人可以把任何东西定义成他所希望的任何东西。逻辑学家和童书作家刘易斯·卡罗尔（Lewis Carroll，1832—1898）让蛋先生

（Humpty Dumpty）持有这种对定义的看法。蛋先生声称，这是一个他和语词谁是主人的问题。但正如蛋先生给出的一些定义所表明的，我们不可能绝对随心所欲地定义事物。我们不能把宗教定义成一个咖啡壶，并期望在研究宗教的特征方面取得进展。在抽象数学或逻辑的纯形式系统中，规定性定义比常识或日常讨论更有意义。在抽象的数学系统中可以规定一个定义，并通过严格的推理规则将它贯彻于整个系统。我们可以出于争论的目的或者对日常概念进行非常有限的考察而使用规定性定义，但在日常推理中，使用规定性定义的一个问题是，常用语词的日常含义在作者不注意的情况下又悄悄溜回到讨论中。它从它的规定性定义不知不觉地滑向了日常含义。当然，讨论技术的作者可以随心所欲地定义技术，但需要小心的是，不要重新使用文化中常见的其他技术定义或理解，而没有意识到它们已经偏离了原初的定义。

　　这便引出了不同于上述定义的另一种定义，即描述性定义。这种定义是对人们通常如何使用语词的描述。它并未声称找到了现实的真实结构，但也不仅仅是任意规定一个定义。字典式定义接近于描述性定义。但一个纯粹的描述性定义只是描述了人们如何使用这个词，而没有为"恰当"的用法立法。字典式定义包含一些规范性内容。纯粹的描述性定义可能相当复杂，描述了不同地区或不同社会地位的人是如何使用这个词的。描述性定义常常有模糊的边界或应用的模糊性。日常语言通常不够精确，无法确切说明哪些对象可以归入定义。使用技术的描述性定义的问题在于，这个术语有太多不同用法。例如，一些教育家将"技术"一词仅仅与教室里的计算机联系在一起，然而学校建筑本身以及像黑板这样的老式教学辅助工具，都是最宽泛意义上的技术的一部分。

　　在哲学等学术领域中使用的一种定义是精确化定义。这种定义保留了语词的核心日常含义。它不是规定的或任意的。然而，与描述性定义不同，它并不只是描述人们如何实际使用这个词，而是试图通过描述适用范围和分界点，使这个词的应用边界更清晰。（对于某种东西来说，多大是"大"？一个人有多少根头发还算秃头？）任何对技术做出一般定义的哲学尝试都将是精确化定义。

英国经验论哲学家否认存在作为事物真实本性的本质，但用单一的最典型特征来定义的观念仍在普遍使用。在 20 世纪下半叶，一些哲学家得出结论说，有一些种类的事物不可能用一个本质来刻画。一种观点是路特维希·维特根斯坦（Ludwig Wittgenstein，1889—1951）提出的。他认为，归在单一名称之下的对象并不共有任何单一特征，而是共有一种"家族相似"。我们常常可以认识到同一人类家族成员之间的相似性，但却找不到他们所共有的任何单一特征。这个类当中的任何一对事物都有一些共同的特征，但没有一个特征是所有事物共有的。维特根斯坦举了"游戏"概念的例子。用来定义游戏的一般特征并不是每一个游戏所共有的。并非所有游戏都有竞技的玩家，都有严格的规则，涉及装备或棋子，等等。最好是以家族相似的方式来定义游戏，给出范例，并且建议类似的东西也应包括在内。一些当代哲学家提出的观点将使技术成为家族相似概念的一个例子。唐·伊德、唐娜·哈拉维（Donna Haraway）、安德鲁·芬伯格（Andrew Feenberg）等当前的技术哲学家，已经不再寻找马丁·海德格尔（见第 5 章）或雅克·埃吕尔（见本章下文和第 7 章）等 20 世纪初期或中叶的思想家所提出的那种"技术的本质"。有人提出，技术所包含的东西过于多样，无法共有一个单一的本质。

如上所述，20 世纪前三分之二的主要技术理论家都认为，可以给技术下一个普遍的、本质的定义。唐·伊德、安德鲁·芬伯格等最近的一些理论家则相反认为，技术并没有一个本质或单一的最典型特征，寻求一个本质定义是徒劳的。[1]

文本框 2.1　英国哲学中的唯名论

奥卡姆的威廉（William of Ockham，1285—1347）等中世纪晚期的唯名论者否认本质或共相的实在性，声称只有个体才是实在的。在实验科学的早期，17、18 世纪的英国哲学家认为不存在真实定义。托马斯·霍布斯（Thomas Hobbes，1588—1679）声称定义是规定性的，尽管他认为可以在此基础上建立科学。在 17 世纪，霍布斯成功地描述了科学的定义一面或假设一面，但未能说明如何将定义的、演绎的科学概念与观察联系起来。对霍布斯来说，定义是在研究开始时引入的，它们并不像对亚里士多德来说那样是研究的最终结果。约翰·洛克（John Locke，1632—1704）声称，我们不可能知道实体的真实本质。定义并不描述事物的本质属性，甚至并不描述所定义的事物是否存在。我们只能知道实体的名义本质。18 世纪初，大卫·休谟完全否认了真实本质的存在，他的立场对后来的经验论产生了极大影响。

1　海德格尔和埃吕尔式的对技术的定义方式，被芬伯格称为"实体论"（substantive theory）。这种实体论的技术观将现代技术理解为一种整体性的"大写的技术"，并对之持批判和拒斥的态度。——译者注

定义的准则

定义的一些一般准则如下：

1. 定义不应过于宽泛或狭窄。（也就是说，定义不应包括我们所定义的词语所不指定的内容，定义也不应太受限制，以致排除了本应归入所定义术语的内容。）
2. 定义不应是循环的。（例如，我们不应先把"技术"定义为"任何技术的东西"，然后又把"技术的"定义为"任何与技术有关的东西"。）
3. 定义不应使用修辞或隐喻。
4. 定义不应仅仅是否定的，而应是肯定的。（在大多数情况下，完全否定的定义不会充分限制该术语的适用范围。对比定义必须假定听者知道对比项或相反项。）

以过于狭窄的方式定义技术的一个例子是，当代普遍倾向于把"技术"仅仅理解成计算机和手机，而忽略了所有机器技术，更不用说其他技术了。以可能太过宽泛的方式定义技术的一个例子是，斯金纳（B. F. Skinner，1904—1990）将所有人类活动都归入了技术，他将人类活动理解为条件反射和自我调节。斯金纳认为，条件反射是行为技术。一个相关的举措是将"心理技术"当作技术活动的激励手段的一部分，例如狩猎-采集社会中有节奏的呼喊，或者工业社会中的各种政治信念（通过宣传来传播，埃吕尔将其理解为一种技术），从而通过将所有文化都纳入技术来消除技术与文化之间的区别（见下文对伊恩·贾维［Ian Jarvie］的讨论）。

文本框 2.2　定义的标准规则的哲学例外

　　如果一个人持有某些非常识的哲学观点，那么定义的粗略准则就会有例外。例如，一些神秘主义者相信上帝只能以否定的方式进行刻画，并坚持所谓的"否定神学"。虽然简单的循环定义是完全没有帮助的，但有人指出，如果完全遵照字典里的定义，查找定义中的各个语词，那么最终会进入一个圆，尽管是一个大圆。黑格尔等哲学家已经提出，关键不是避免圆，而是让这个圆足够大，能够涵盖一切！

技术的定义

　　技术的三个定义或典型特征是：（1）技术作为硬件；（2）技术作为规则；（3）技术作为系统。

技术作为硬件

　　也许最明显的定义是技术作为工具和机器。用于技术小册子或广告传单中的通常是火箭、发电厂、计算机和工厂等图像。将技术理解为工具或机器是具体而易懂的。它潜藏于关于技术的许多讨论背后，即使没有明说。（刘易斯·芒福德区分了工具和机器，用户直接操作工具，而机器则更独立于用户的技能。）

　　将技术定义为工具或机器的一个问题是，在某些情况下会声称，技术并不使用工具或机器。心理学家斯金纳的行为技术就是这样一种非硬件技术。如果一个人将对另一个人行为的口头的或人际的操作或指导视为技术，那么我们就似乎拥有技术，而没有工具。芒福德声称，人类历史上最早的"机器"出现在埃及、伊拉克的古代苏美尔或古代中国等最早的文明中，大批的人被组织起来为修建水坝或灌溉工程而搬运泥土。芒福德将这种大规模组织的劳动称为"巨机器"（Mumford，1966）。埃吕尔认为，技术的本质在于遵循规则的行为模式或"技术"（technique）。例如，宣传和性手册将是包含规则的技术，可以但不总是需要涉及工具或硬件的使用。

技术作为规则

上面提到的埃吕尔的"技术"是另一种技术定义的典型例子。它将技术视为规则而不是工具。"软件"与"硬件"是刻画重点差异的另一种方式。技术涉及各种模式的手段—目的关系。对于这种技术进路来说，斯金纳的心理技术、芒福德的无工具的巨机器或埃吕尔的"技术"都不是问题。在这一点上，强调"理性化"的社会学家马克斯·韦伯（Max Weber，1864—1920）与埃吕尔相似，他用受规则支配的系统（无论是科学、法律还是官僚制）来刻画西方的崛起，其核心不是物理工具或机器，而是系统发展的手段—目的模式。

技术作为系统

离开了人的使用和理解的语境，硬件能否被当作技术，这一点尚不清楚。以下是一些例子：

1. 一架被遗弃在雨林里的飞机（可能是坠毁或被舍弃的）不会被当作技术。它可能会被太平洋的"货物崇拜"（cargo cult）成员视为宗教对象。货物崇拜是二战期间美国飞机向太平洋岛屿投放大量货物时兴起的，这群信徒正在等待大"鸟"返回。

2. 20 世纪 60 年代，伊朗国王试图强行实现国家现代化。他用石油财富进口喷气式飞机和电脑等高技术产品，但缺乏足够数量的操作员和维修人员。有人声称，这些飞机和大型计算机露天堆放，落满灰尘、锈迹斑斑，因为没有存放它们的房屋和操作、维修人员。这些机器不会被当作技术。

3. 不被当作技术的技术硬件不仅为原住民社会或发展中国家所独有，亦可见于高科技的复杂城市环境。在现代艺术博物馆举办的"原始艺术与现代艺术"展览中，非西方技术被当作纯粹的审美或艺术现象来展示。原住民器具和 20 世纪西方抽象艺术品并排展出，以强调形状和设计的相似性。原始器具的标签往往无法解释其用途，而只能标明它们的地点和年代。（说明文字并没有解释这些器具如何用于烹饪、导航等目的。）在某些情况下，博物馆的参观者甚至是馆长都不知道这些物品的技术功能。因此，虽然对于最初的使用者来说，这些人工制品既是技术又是艺术，但对于博物馆的馆长和观众来说，它们不是技术，而仅仅是艺术。

这些例子表明，要使一个人工制品或硬件成为技术，需要将它置于使用、维护和修复它的人的语境中。这便引出了技术系统的概念，它既包括硬件，又包括操作和维护它所需的人类技能和组织（见下文的共识定义）。

技术作为应用科学

许多当代技术都是应用科学。然而，将技术简单地定义为应用科学在历史上和系统上都是有误导性的。如果在受控实验与自然的数学定律相结合的意义上理解科学，那么科学只有大约 400 年的历史。即使是那些对自然和观察有数学描述的古希腊人也没有受控实验。中古时期的中国人拥有高度发达的技术（见第 10 章）以及丰富的自然观察和理论，但他们既没有自然定律的概念，也没有受控实验。某种形式的技术可以追溯到数百万年前初民使用的石器。显然，按照这种对科学和技术的理解，在人类历史的大部分时间里，技术并不是应用科学。部分问题在于对科学的定义非常宽泛。如果把科学简单地理解为试错（正如一些实用主义者和波普尔猜想与反驳概念的推广者所声称的那样 [Campbell，1974]），那么史前技术就可以被视为应用科学。然而，现在科学的概念已经大大扩展，几乎包括了所有人类学习，如果主张试错学习理论，那么科学甚至包括了所有动物学习。这也许是科学定义过于宽泛的一个例子。

即使在现代实验科学和科学定律概念于 17 世纪初兴起，以及对工业革命做出贡献的技术发展起来之后，大多数技术发展也不是通过直接应用伽利略（Galileo，1564—1642）和牛顿（Newton，1642—1727）的科学而产生的。17、18 世纪的发明家通常并不了解他们那个时代的数学物理学理论，他们是喜欢捣鼓小器具的讲求实际的工匠，在不使用当时科学的情况下找到了实际问题的解决方案。甚至迟至托马斯·爱迪生（Thomas Edison，1847—1931）时，我们才在电学领域找到了一位极为多产的发明家，他虽然并不了解詹姆斯·克拉克·麦克斯韦（James Clerk Maxwell，1831—1879）及其追随者的电磁理论，但他的发明要比那些了解最先进的电场理论的科学家多得多。起初，爱迪生甚至觉得无须一位物理学家作为他的一线团队成员，认为只是在做复杂的数值计算时才需要物理学家，但物理学家不会对技术有什么贡献。到了这个时候，爱迪生对理论作用的看法正在变得有些过时。

即使在科学训练对于大多数技术发明至关重要的当代，以过于简单和直接的方式来看待技术作为应用科学的概念也是误导性的。现代技术主要是那些具有科学背景的人在现代科学框架内做出来的，但许多具体发明乃是偶然的或反复试验的产物，而不是直接应用科学理论来实现预定目标。许多化学发现都是意外事故的结果。化学溶液洒到一块玻璃实验仪器上，玻璃意外掉落，没有破裂，此时安全玻璃就被发现了。青霉素是在细菌培养物意外被霉菌污染时发现的。一位科学家不小心将某种化学物质洒在滤纸上，这种化学物质在渗入滤纸时分离成两种成分，此时纸色谱法就被发现了。技术专家阿特·弗莱（Art Fry）在他的赞美诗集中使用小书签时，想起了同事斯宾塞·西尔弗（Spencer Silver）在 1968年发明的一种临时胶水，这种胶水太弱，无法将两张纸永久地粘在一起，此时便利贴就被发现了。1977—1979 年，3M 公司开始将这项发明推向市场，1980 年在美国各地销售。查尔斯·古德伊尔（Charles Goodyear）对橡胶硫化的发明涉及许多试验和实验，但一个关键事件是，他将经过处理的"弹性树胶"意外留在了热炉上，并注意到它像皮革一样烧焦了。然后，他做实验找到了一种较小但最佳的热暴露（Goodyear，1855）。路易·巴斯德有一句名言：机遇偏爱有准备的头脑。这些偶然发现在很大程度上利用了发现者的科学知识，但很难说是科学理论对预置问题的直接应用。

因此，虽然技术涉及知识特别是专门技能，但将技术简单地定义为应用科学过于狭窄了。

系统定义作为一种对技术的共识定义

一些作者对技术做出了一个较为复杂的定义，以把技术系统的概念纳入进来。经济学家约翰·肯尼斯·加尔布雷斯（John Kenneth Galbraith，1908—2004）将技术定义为"科学或其他知识在实际任务中的系统应用"（1967，Ch.2），并称技术整合了社会组织和价值体系。另一些人则将这一定义加以扩展，提到了技术的组织方面，将技术刻画为"基于实验和 / 或科学理论的任何系统化的实践知识，这些知识提高了社会生产商品和服务的能力，体现在生产技能、组织和机器方面"（Gendron，1977，p.23），或"通过涉及人和组织、生物和机器的有序系统，将科学或其他知识应用于实际任务"（Pacey，1983，p.6）。我们可以将这些定义合并为"通过涉及人和组织、生产技能、生物和机器的有序系统，将科学或其他知识应用于实际任务"。

这种共识定义有时被称为通往技术的"技术系统"进路。技术系统是技术中涉及的硬件（也许是植物和动物）、知识、发明者、操作者、维修者、消费者、营销者、广告商、政府管理者和其他人的复合体。技术系统进路要比工具 / 硬件或规则 / 软件进路更为全面，因为它包含两者（Kline，1985）。

技术的工具进路往往会使技术显得中立。技术既不好也不坏，可以被使用、滥用或拒绝。锤子既可以用来钉钉子，也可以用来敲碎脑袋。工具使用者在工具之外（比如木工的工具），并且控制工具。技术的系统进路使技术包含了人，无论消费者、工人还是其他人。个人不在系统之外，而在系统之内。若把广告、宣传、政府管理和所有其他方面包括在内，就更容易看出技术系统如何可能控制个人，而不是相反，就像在简单工具的情形中那样。

技术是人类无法控制的，而且有自己的生命（见第 7 章）。如果我们持这种技术观（被称为技术自主论），那么技术作为"技术系统"显然要比技术作为单纯的工具更讲得通。包括广告、宣传和政府强制在内的技术系统可以说服、引诱或强迫用户接受它们。

如上所述，并非所有技术研究者都希望对技术进行定义或一般性的刻画。特别是科学技术学的一些"后现代"拥护者，不仅主张海德格尔、埃吕尔等 20 世纪中叶的思想家所宣称或寻求的那种技术"本质"并不存在，而且主张不可能对技术做出一般性的定义。

尽管后现代的技术研究者关于技术本质的质疑是有效的，但上述"共识定义"将有助于使读者大致聚焦于所讨论的各种事物。例如，最近"行动者网络理论"（见第 12 章）的倡导者提出了一种技术进路，它与技术系统进路中的共识定义有许多相似之处。技术系统进路的倡导者最近已经开始与技术的社会建构进路结盟甚至融合。将技术理解成一个网络很符合欧洲的行动者网络理论社会学（见文本框 12.2）。堪称美国技术系统史家领军人物的托马斯·休斯（Thomas P. Hughes）已经转向了社会建构论观点，并将它与自己的进路结合起来（Bijker et al., 1987；Hughes，2004）。

研究问题

1. 如果不为主要术语的定义费心，你认为我们能否成功地讨论有争议的话题？

2. 我们能让语词表达我们希望的任何意思吗？这在什么意义上为真，在什么意义上为假？

3. 有没有什么知识领域或主题中存在"真实定义"？是否存在有本质定义的领域？

4. 什么种类的东西可能只有"家族相似性"，而没有本质定义？（请给出与本章中两个例子不同的例子，并解释你的答案。）

5. 哲学家阿恩·奈斯（Arne Naess，几十年后成为"深生态学"的创始人）在他最早的著作中调查了街上的人们对各种哲学术语的定义。他在收集什么种类的定义？你认为这是澄清哲学问题的有效方法吗？

6. 你认为把技术刻画为应用科学是正确的吗？请给出支持和反对这种刻画的例子（本章给出的例子除外）。

7. 不包含工具在内的技术概念有意义吗？如果没有，为什么？如果有，请尝试给出本章没有提到的例子。

第 3 章

技治主义

技治主义（technocracy）是一种主张由技术专家进行统治的理论。（其他各种类似的统治术语有：民主政治，由民众或平民统治；贵族统治，由贵族或精英统治；富豪统治，由富豪或富人统治。）从纯科学或工程的专业人员，到包括经济学家和社会学家等在内的社会科学专业人员，究竟哪些专家适合统治，技治主义在这方面存在分歧。各种技治主义观念已经以各种形式堂而皇之地或微妙地出现在 20 世纪和当前许多政策的态度中。将技术专家的威望和权威扩展到非技术的尤其是政治和经济的决策中，是技治主义的一种隐式发展。

本章考察了主张由知识精英或技术精英进行统治的主要人物。事实证明，其中还包括论述过与技术有关的问题的大多数主要的历史哲学家。正如导言中所指出的，过去鲜有详细讨论技术的重要哲学家。然而，1600 年前后的培根，以及 19 世纪初的圣西门（Saint-Simon，1760—1825）和奥古斯特·孔德（Auguste Comte，1798—1857），是论述技治主义的三位主要的早期哲学家，也是某种形式的技治主义的倡导者。柏拉图是有大量著作流传至今的第一位西方哲学家，也是西方哲学的杰出人物之一。20 世纪的哲学家和数学家怀特海（Whitehead，1861—1947）几乎毫不夸张地说："对欧洲哲学传统最可靠的总体刻画是，它由对柏拉图的一系列脚注组成。"（1927，p.39）他也是后来的乌托邦和知识精英统治理论的主要灵感来源。我们再次遇到了培根，他既是科学方法论家，也是技治主义思想的重要先驱。19世纪初，法国的圣西门提出了成熟的技治主义理论，认为应分别由自然科学家和社会科学家担任统治者。然后我们考察20世纪初的技治主义理论，其主要思想家是美国经济学家和社会学家凡勃伦。最后，我们考察20世纪末的技治主义思想家，他们对统治和政策，包括"后工业"社会理论产生了影响。

柏拉图

技治主义一词可以追溯到20世纪20年代，但技治主义思想的根源可以追溯到早期的西方历史。古希腊的柏拉图在其《理想国》中提出由哲学家进行统治。然而，柏拉图提出的对哲学王的培养包含许多高级的数学教育。这是因为，柏拉图认为事物有真实的结构和本性，他称之为"形式"（见第2章"定义的种类"一节）。柏拉图指出，不仅形状和物体存在着理想的形式，而且勇敢、虔诚和正义等道德概念也有理想的形式。这些东西只有通过纯理智的把握而不是感知才能认识，柏拉图认为感知是一种低级的、不太准确的认识形式。

在《理想国》第七卷著名的洞穴隐喻中，柏拉图将普通人比作锁在洞穴里的囚犯，他们只能看到墙上的影子，既看不到投射影子的木偶，也看不到照亮墙壁的火。（有人认为，柏拉图可能把当时的木偶技术用作了他关于常识错觉隐喻的基础。[Brumbaugh，1966])柏拉图讲了个故事，说有人下到洞穴中，将一名囚犯释放，让他走出洞穴，直视物体，最后短暂地瞥见太阳。柏拉图声称，普通人只知道形式的影子，即物理对象。理智教育可以引导个体去把握形式，并最终瞥见"善的理型"。柏拉图关于其理想国统治者的教育计划就是这种通往光明的旅程。

柏拉图不仅把他的理想国描述为由受过最高形式推理教育的精英来统治，而且试图说服西西里的暴君施行他的一些思想，但没有成功。据说，柏拉图被这位愤怒的统治者卖为奴隶，他的富人朋友们不得不为他支付赎金。(柏拉图的《第七封信》中讲述了他远行西西里的生动故事，这部著作应为柏拉图所写，不管他是不是实际作者。)

出于政治统治的目的，柏拉图对正义等道德概念的形式感兴趣。数学为从理智上精确认识（数的和几何的）形式提供了最清晰的例子。但数学也例证了从确定的假设出发的严格推理。在后世的许多哲学家看来，数学始终是所有理性的模型（见第 4 章）。欧几里得的几何学从一组假设、公理和公设开始，通过逻辑步骤演绎出几何学结果。在柏拉图《理想国》为统治者制定的教育计划中，数学研究仅仅是更高级哲学研究的一个预备。士兵和工匠需要使用非常简单的几何学和算术作战或做生意，而统治者则要接受十年理论数学方面的训练，包括纯粹的数理天文学和音乐理论。柏拉图甚至声称，研究这种纯粹数学的人不应关心天文现象或听音乐。一旦掌握了当时的高等数学，就要引导统治者学习哲学推理或辩证法。柏拉图声称，数学推理始于基本假设或公理。哲学辩证法是一种更高的知识形式，因为它质疑和评价知识的基本假设。因此，柏拉图的统治者或哲学王并非真正的技治主义者，他们的数学训练仅仅是为获得哲学智慧和道德政治问题推理能力而做的准备。

在后来的柏拉图主义传统中，数学与更高的哲学领域之间的截然区分大都被模糊或抹去。后来的一些新柏拉图主义者（根据关于他后来的不成文学说以及据称在学园发表的"论善讲演"的有争议的报道，甚至还有柏拉图本人）将重点转向了数学知识或类似数学的知识，作为整个哲学的关键。柏拉图的侄子斯彪西波（Speusippus，公元前 410—前 337）接管了柏拉图学园，并且用数取代了形式。柏拉图最伟大的学生亚里士多德声称，柏拉图的直接继承者误将哲学等同于数学。就这样，数学与哲学之间的界限在后来的大部分新柏拉图主义传统中被部分抹去，从而为数学知识模型在后来的技治主义思想中的普及开辟了道路。数学推理的力量、严格和威望在现代技治主义思想中扮演着重要角色，因为工程师、经济学家和其他使用数学方法的人可以将精确性和严格性的光环与他们在政治和超出其专长的其他领域的言论联系起来。

弗朗西斯·培根

现代早期的弗朗西斯·培根提出的乌托邦比柏拉图的《理想国》更接近于一种真正的技治主义。培根是英国文艺复兴时期的杰出人物。他谦逊地声称"所有知识都是他的领地"，并且这样做了。他成了英国大法官，并以撰写简洁精辟的文章闻名。（有些人非常欣赏他的写作风格，甚至让人难以置信地宣称他就是莎士比亚作品的作者。）培根活跃于法学、哲学和科学领域。他从身无分文的年轻人成长为一个极其富有和权势熏天的人物，此后他被指控收受贿赂（尽管这在当时很普遍，对他的指控很可能是政治冲突的产物）。据说他的去世源于用雪来保存一只鸡，实验过程中受寒引发了支气管炎。为了维护自己的地位，他在疗养时选择了城堡中一间雅致的房间里一张又湿又冷的床，而不是一间小得多的房间里一张又暖又干的床，这种贵族式的重雅致而轻效力的选择害死了他。

培根相信，通过对自然的认识和技术控制，人类可以重新获得亚当和夏娃在被逐出伊甸园之前所拥有的清晰心灵和纯洁行为。尽管对目标做了这种宗教式的表述，但培根在其《新大西岛》（*New Atlantis*，1624）中描述了一个理想社会，对于这个繁荣而健康的社会的运行，追求类似于现代科学知识和工程知识的人发挥了核心作用。

在培根的乌托邦著作《新大西岛》中，所罗门宫是一种国家研究机构的名称。这里进行实验，研究矿物、植物、机器等许多用来提高寿命的东西的特性。所罗门宫甚至包括这样一些人，他们是我们今天所说的工业间谍，乔装打扮前往他国，观察工艺和制造。培根提出了所罗门宫的一个温和而实际的版本，但没有成功，它是一个实际的学院，包括动物园、植物园、实验室和机器车间。不幸的是，国王詹姆斯一世，也即英王钦定版《圣经》的赞助者，对这项事业或培根的社会改良之梦不感兴趣。

培根还倡导实验科学和归纳法（见第 1 章）。他认为，自然理论应当基于对个体观察的概括，并通过个体观察进行检验，而不是从一般原理中推导出来。培根的经验方法与柏拉图的相反。柏拉图把感官知觉的地位贬低为名副其实的幻觉，声称纯粹的理智推理是通向真理的道路，而培根则主张感官观察是通向真理的道路，从纯粹理性和哲学思辨中衍生出来的理论乃是通向错误的毫无价值的道路。培根在其《新工具》（*New Organon*，1620）中提出了关于错误来源的理论（该书标题很谦逊，暗示它是两千年前旧的"工具论"［*Organon*］或亚里士多德逻辑著作的替代品）。在评价我们的观察结果时，培根声称，我们必须始终警惕他所说的"偶像"，即人们容易产生并需要纠正的感知和思想上的扭曲。他将偶像分成以下类型：（1）部落偶像，指的是误导我们的那些人类体质特征，比如感知上的幻觉和偏见，以及希望和先入之见对我们看法的扭曲；（2）洞穴偶像（暗指柏拉图的洞穴），指的是个人主观经验和背景所特有的幻觉；（3）市场偶像，指的是人类交流的产物，特别是语言的扭曲和含混不清；（4）剧场偶像，指的是因为相信思辨哲学体系而产生的错觉。

数十年后，培根的经验科学研究思想启发了英国皇家学会的一些创始人。英国皇家学会是英国最重要的科学学会，至今仍然存在。正如柏拉图所教导的，在数学中最为明显的形式知识可以应用于伦理和政治，培根认为也应把他的归纳法用于法学，从法律案例中归纳出法律公理，就像从特定观察中归纳出科学定律一样。培根说，知识就是力量，可以通过服从自然（掌握原理和原因）来命令自然（控制自然）。培根常常把研究者与自然的关系比作男人与女人的关系，并用引诱、揭开面纱和力量等隐喻来描述研究过程（见第9章）。知识就是力量，对自然的研究是通向社会繁荣和幸福的途径，培根的这种主张更接近于柏拉图的哲学家–统治者的技治主义观念。不过，在培根的所罗门宫从事研究的人自己并不寻求统治，而只是为统治者提出建议（出于谨慎，这一点在《新大西岛》中并没有得到具体说明或描述）。

圣西门

　　虽然所罗门宫的研究者本身并不直接统治社会，但在 19 世纪初的法国伯爵圣西门的一些计划中，科学家和技术专家确实在直接统治社会。

　　圣西门当过雇佣兵，参加过美国独立战争，后来公开放弃自己的伯爵头衔，投身法国大革命。法国大革命结束后，他利用被逃离的保皇党遗弃的财产和被革命者关闭的废弃教堂进行投机活动，从中牟利。他通过出售教堂窗户和屋顶上的铅来赚钱，并曾一度试图出售巴黎圣母院的屋顶。据说，他的贴身男仆奉命每天早上这样叫他起床："起来吧，伯爵，你今天有大事要做！"他曾向当时最著名的女性文学家斯塔尔夫人（Madame de Staël）求婚，但没有成功，他说："夫人啊，你是地球上最不寻常的女人，我是最不寻常的男人；我们一起会生出一个更不寻常的孩子。"（Heilbroner，1953）

　　圣西门本人并非技术专家，基本上（通过邀请当时的顶尖科学家吃饭交谈）自学成才。他聚集了一批来自当时法国领先的技术学校巴黎综合理工学院的工科学生，这所学院成立于法国大革命期间，得到了拿破仑的支持和进一步发展。圣西门认为旧的封建社会挥霍、迷信和好战，养活了无数像贵族和神职人员那样的寄生虫。他在一篇文章的开头挑衅性地写道，如果某天清晨，这个国家醒来时发现所有神职人员和贵族都消失了，那么国家就不会受苦，但如果所有科学家、技术专家和商人都消失了，社会就会崩溃（Saint-Simon，1952，p.72）。圣西门看到的新备选方案正是工业社会。

　　终其一生，圣西门为工业社会的统治勾勒了不同的方案。也许是为了得到统治者或当时社会权势人物的支持，这些方案随着各个时代的政治动荡而变化，不论这种政治是由激进的革命派、保皇党还是由商人来主导。有些方案是彻底社会主义的，有些是资本主义的，但都非常中央集权（比如后来的法国资本主义）。圣西门称其理想社会的统治机构为"牛顿委员会"，通过将它与一百多年前那位杰出物理学家的名字联系起来，暗示这种统治的科学性。科学家、技术专家、实业家和银行家占据了不同版本的委员会席位。神职人员和贵族被从新社会中淘汰。

圣西门的思想影响了有政治分歧的群体。铁路和苏伊士运河的一些早期法国资本主义支持者是圣西门的追随者，但各种社会主义革命者也是如此（Manuel，1962，Ch.4）。圣西门创造了一些在世界范围内广泛使用的术语，包括"个人主义""物理学家""组织者""实证主义者"（Hayek，1952）。"社会主义"一词并不是圣西门创造的，但很快就出现在其追随者写的一份圣西门主义杂志上。圣西门在不同情况下倡导的资本主义和社会主义都是计划的和集中的。他的资本主义是由银行和垄断控制的。圣西门技治主义的、中央计划的社会主义与苏联的类似。他的一些口号经由马克思的合作者恩格斯的著作，进入了列宁和斯大林的苏联。（恩格斯引入了一些未见于马克思《共产党宣言》草稿的圣西门的措辞和思想。）列宁用圣西门的术语"社会是一个大工厂"和"事物的组织，而不是人的组织"来描述共产主义未来的社会组织。斯大林用圣西门的措辞称，"艺术家是人类精神的工程师"。而今，在迪士尼乐园也出现了类似的观念，因为那里的技术专家被称为"想象的工程师"。与柏拉图和培根的观点不同，圣西门的观点展示了一种成熟的技治主义。至少在他的一些描述中，专家确实进行着统治。

奥古斯特·孔德

奥古斯特·孔德进入巴黎综合理工学院，研究了他那个时代的物理科学，但因为参与了一场反对拿破仑被击败后新君主制接管学校的抗议活动而遭到开除。孔德起初是圣西门的追随者和助手，他系统整理并大大扩展了圣西门杂乱无章的零散思想和讲演。孔德最核心的学说之一是他的"三阶段律"，声称社会从神学阶段或宗教阶段，经由形而上学阶段或哲学阶段，发展到最终的实证阶段或科学阶段。在神学阶段，事物的原因被归于一个或多个意志。起初，在拜物教中，每一个物体都有自己的意志；然后，在多神教中，存在着许多神的意志；最后，在一神教中，单一的神圣意志解释了一切事物。在形而上学阶段，事物的原因被认为是像力量和力这样抽象的东西。最后，在实证阶段，人们不再寻求最终的原因，知识的目标是接续律（laws of succession）。在孔德看来，与科学知识相比，宗教和形而上学是低等的、进化程度较低的知识形式。科学知识的优越地位以及对人文学科中其他非科学的知识形式的贬低或拒斥，乃是技治主义信条的重要组成部分。

孔德哲学的第一部分是一种科学知识理论和科学哲学，第二部分是一种关于工业社会组织的社会政治哲学。孔德将这三个阶段的思想形态与社会形态联系起来：社会的神学阶段是军国主义的；社会的形而上学阶段以法律和法学为中心；最后，实证阶段对应于工业社会。

孔德后来关于社会组织和"人道教"的工作也许受到了其爱情生活的影响，无论是出于他对克洛蒂尔德·德·沃（Clothilde de Vaux）的爱的新理解，还是出于对虐待其伴侣的内疚。在孔德的工业社会里，科学家实际上取代了罗马天主教的教士。技术专家的等级取代了教会的等级。

20 世纪有一些关于科学精英的著作，其标题带有隐喻含义，比如《新教士》（*The New Priesthood*，Lapp，1965），但孔德对这个词的理解是相当字面的。孔德用实证主义教会来取代天主教会的计划是不可能成功的，尽管从巴西到英国都有一些。巴西国旗上就印有孔德的口号"秩序与进步"。在 19 世纪末波菲里奥·迪亚兹（Porfirio Diaz，1830—1915）统治时期，墨西哥的一些有影响力的人物宣称效忠于实证主义理想（Zea，1944，1949）。

在整个 20 世纪，孔德的实证主义极具影响力，虽然是以不那么明确和明显的形式。基于知识来统治社会意指基于科学知识来统治社会。政治成为应用科学或社会工程的一种形式。孔德发明了这个领域，并且创造了"社会学"一词来指对社会的科学研究。他认为社会学是关于社会统治的主要学科。对孔德来说，社会学虽然不像物理学那样位于科学等级的基础，但却是真正的科学女王。因此，在孔德的技治主义中，在社会统治中扮演核心角色的不仅仅是物理科学家，而且也包括社会科学家，在圣西门那里也常常如此。技治主义作为由各种社会科学家来统治，而并非专门由工程师来统治，成为 20 世纪 50—70 年代美国和欧洲一些社会理论家理论的典型特征（见下文）。

孔德的科学哲学和历史哲学（三阶段）的直接影响比孔德的社会组织计划和"人道教"更为持久。逻辑实证主义（见第 1 章）虽然排除了孔德的政治和宗教理论，但保留了一种更新形式的孔德主张，即科学是最高形式的知识，事实上是唯一真正的知识。

凡勃伦与美国等地的技治主义运动

20 世纪初，技治主义一词被首次引入。经济学家约翰·克拉克（John M. Clark）在 20 世纪 20 年代中期创造了"技治主义"一词。在美国，有一种实际的技治主义运动在政治上就是这样命名的。它的全盛时期是在 20 世纪二三十年代，这场运动的规模一直很小，它至今仍然存在，但鲜有人注意。

经济学家索尔斯坦·凡勃伦（Thorstein Veblen，1857—1929）是 20 世纪初美国主要的技治主义理论家，也是 19 世纪末 20 世纪初美国"镀金时代"社会的主要批判者。他像人类学家研究一种外来的未开化文化那样来研究当时商界精英的风俗习惯。他鄙视他所置身的那种谨小慎微的学术文化，他那本关于大学的著作《美国的高等教育》（The Higher Learning in America）最初的副标题是"关于全面堕落的研究"（Dowd，1964）。他也几乎同样鄙视经济上的形式主义。当《企业论》（The Theory of Business Enterprise）因为没有包含足够多的数理经济学而遭到出版商拒绝时，他只是在脚注中添加了一些假方程。凡勃伦打破旧习的不敬言论和有伤风化的生活方式，使他任教的几所主要大学都疏远了他（他曾住在斯坦福大学校园周边的牧场帐篷里）。他最为人所知的可能是他在《有闲阶级论》（Theory of the Leisure Class，1899）中提出的"炫耀性消费"概念，即通过炫耀自己购买的物品来显示自己的财富和重要性。

在《工程师与价格系统》（The Engineers and the Price System，1921）等著作中，凡勃伦将商业活动的浪费和低效与工程师的效率进行了对比。他对比了在现代工程师那里表现最充分的人的"工艺本能"与商人的掠夺性本能。他提议建立一个由工程师而不是由商人管理的社会。在一战后的经济低迷时期和俄国革命之后，凡勃伦提出了一场真正的工程师革命，甚至半开玩笑地谈到了"工程师的苏联"（尽管他很快就放弃了一项政治行动的直接提议）。

霍华德·斯科特（Howard Scott）是凡勃伦的追随者和自称的工程师，他把这场政治技治主义运动继续了下去（斯科特常去纽约格林尼治村的咖啡馆，是那种咖啡馆工程师，类似于当时的咖啡馆诗人）。他的激进主义在 20 世纪 30 年代初的大萧条时期得到了复兴。斯科特的技治主义者根据行为主义心理学家伊万·巴甫洛夫（Ivan Pavlov，1849—1936）和约翰·沃森（John Watson，1878—1958）的理论，将人类行为的调节与他们关于社会由工程师专家像机器一样运转的构想结合了起来。和孔德的实证主义教会一样，美国的政治技治主义运动最终并没有流行开来。备受期待的斯科特的全国广播讲话失败后，斯科特的技治联盟及其制服、相同款式的汽车和阴阳符号图标威信大失（Elsner，1967）。到了 1936 年，这场明确自称技治主义的政治运动失去了大众吸引力，但作为一个在自由派的左翼杂志上做广告的小派别留存至今。

技治主义倾向在一战前后的进步主义运动和 20 世纪 30 年代罗斯福总统的新政中广泛传播到整个美国社会。进步主义运动和罗斯福新政都是对社会混乱和危机的反应。进步主义者反对腐败的城市政治机器和价格欺诈的垄断，而新政则是对大萧条（1929—1941）的回应。然而，"社会工程"一词已经在进步主义运动的政治家和美国政治实用主义的追随者当中流行开来。即使后来成为美国总统的赫伯特·胡佛等亲资本主义的工程师，也宣扬工程师是高效社会的管理者这一理想。尽管如此，除了少数例外，所有工程师都撤回了斯科特关于将工程师提升为管理者的激进结论。

技治主义并不局限于美国。在瑞典，现在著名的社会学家贡

纳尔（Gunnar）和阿尔瓦·米尔达（Alva Myrdal）的早期作品也
倡导技治主义。然而，与其他许多技治主义者不同，米尔达清楚
地看到了技治主义与民主发生冲突的危险，并试图将两者结合起
来（Myrdal，1942）。在德国，知识社会学家卡尔·曼海姆（Karl
Mannheim，1935，1950）论述了"民主规划"和 20 世纪 20 年代
自由浮动的知识分子精英的角色，并且在 20 世纪 30 年代逃到英
国后继续论述这一主题。曼海姆和米尔达的技治主义社会规划者
是社会科学家，而不是物理技术专家。

与此同时，这一时期德国和苏联的统治都有强大的技治主义
成分。德国将反技术、异教徒、健康食品、裸体主义者、回归自
然的修辞，与一种对新技术工程师能将政权带入世界强国的技治
主义信仰融合在一起。战争期间，技治主义方面战胜了浪漫的生
态要素（Herf，1984；Harrington，1996，pp.193-199）。在苏联，
斯大林关于强制工业化的说辞中出现了一种强大的技治主义意识
形态（Bailes，1978）。正如前文已经指出的，苏联的计划经济理
想类似于圣西门的梦想。

技治主义与后工业社会理论

在 20 世纪 50 年代、60 年代和 70 年代的美国、欧洲福利国家
和共产主义苏联，技治主义倾向在政府论中很有影响。在美国总统
约翰·肯尼迪提出"新边疆"政策（1961—1963）和林登·约翰逊
实施"伟大社会"改革（1963—1968）期间，以及在英国首相哈
罗德·威尔逊的工党政府（1964—1970；1974—1976）中，技治主
义观念在顾问中流传。一些人谈到"白热化"的技术革命，威尔

逊在一篇工党报告的序言中声称，工党"认为必须对人力和资源做明智的规划……［但是］在现代世界，如果不对科学资源做充分的规划和调动，这种规划将毫无意义"（Werskey，1978，p.320）。在美国，前福特汽车公司总裁罗伯特·麦克纳马拉（Robert S. McNamara）及其"神童"都是定量分析方面的专家，他们为越南战争（1961—1973）制定了战略规划。二战后，人们认识到科学的研究和发展对于经济的核心重要性。像洛斯阿拉莫斯的原子弹计划那样的"大科学"在二战期间已经成熟。在核军备竞赛的冷战期间，罗伯特·奥本海默（Robert Oppenheimer，1904—1967）和爱德华·泰勒（Edward Teller，1908—2003）等核物理学家（Herken，2002）以及数学家约翰·冯·诺依曼（John von Neumann，1894—1964）（Heims，1980；Poundstone，1992）都成为政府的重要顾问。德怀特·艾森豪威尔总统在1960年的告别演说中发出了著名的警告，警告由大型军工企业与五角大楼等官僚机构组成的"军工复合体"的力量正在不断增长。

在美国和德国，各种社会学家都声称，政治意识形态已经变得无关紧要，重要的是由经济学家对经济进行微调，以及由技治主义社会科学专家进行社会规划（Bell，1960；Aron，1962；Dahrendorf，1965）。这就是"意识形态的终结"论题。在苏联，马列主义意识形态则被称为真正的政治理论，马列主义扮演了计划经济的技治主义社会科学角色，它被认为是政治决策所基于的关于社会（甚至关于自然）的科学。在西欧，意识形态的贬抑含义不如在美国那样强烈，到了20世纪末则往往具有一种正面含义。

在西方，一些技治主义思想家于20世纪六七十年代倡导所谓的后工业社会理论。这些思想家包括经济学家约翰·肯尼斯·加尔布雷思（John Kenneth Galbraith，1967）、社会学家丹尼尔·贝

尔（Daniel Bell，1973）和外交政策顾问兹比格涅夫·布热津斯基
（Zbigniew Brzezinski，1970）。后工业社会理论是一种技术决定论
（见第 6 章），它声称不同形式的工业生产技术会产生不同形式的
社会统治。在这方面，它类似于马克思主义，但它拒绝接受马克
思的社会主义和共产主义，因为后者预言了技治主义统治在后工
业社会的出现。

　　后工业社会理论将社会诸阶段描述为农业阶段、工业阶段和
后工业阶段。运用人畜动力的农业生产连同风力水力，形成了一
个由农民和封建统治组成的社会。机械化制造业产生了蓝领工人
和资本主义所有者—企业家的统治。最后，信息处理和服务业日益
占主导地位，导致新型的受过教育的工人来监督自动化机器，也
导致了技治主义统治。在工业社会，曾经占人口绝大多数的农业
工人成为少数。因此，据称在后工业社会，蓝领工人将成为少数，
信息技术而不是能源技术将成为主导。布热津斯基甚至声称，20
世纪 60 年代的学生运动与现代早期的农民起义类似，因为绝望、
叛逆的人文学科学生发现自己在一个由计算机科学家和工程师管
理的社会中是多余的。

　　由众多股东拥有但由管理者经营的大公司，取代了由家族所
有和经营的、传统的早期资本主义公司。后工业社会理论家声称
新社会是后资本主义的，因为资本家、股票的所有者不再经营公
司，向管理者提供信息的是各种规划者、工程师、工业心理学家、
广告营销和媒体专家、经济学家和会计师。"所有权与控制权的分
离"描述了这种情况，它首先由富兰克林·罗斯福总统的顾问阿
道夫·伯利提出（Berle and Means，1933），后来被经济学家加尔
布雷斯进一步发展。加尔布雷斯等人甚至声称，在管理者领导的
公司中，长期的理性规划将会主导资本家对短期利润的传统追求。

一些保守的后工业社会理论家声称，一个"新阶层"正在取代资本家，成为社会中极富影响力的人。这个阶层在不同情况下等同于技治主义者或管理者，有时被称为专业管理阶层（PMC）。

后工业社会的技治主义论题有一种较为简单的形式和一种较为微妙的形式。较为简单的形式是，技术专家阶层（加尔布雷斯称之为 technostructure）取代传统的政治家和商业领袖，直接进行统治。加尔布雷斯提出的较为微妙的形式是，政治家和企业首席执行官基于信息对众多低层技术专家、科学家、工程师、会计师、经济学家、政治学家、宣传心理学家和媒体等做出决策（Galbraith，1967）。这些往往看不见的低层人物为政治家或领导层制定了备选方案，甚至使其产生偏见，从而暗中引导了政策。用贬损他们的俚语来说，这些"政策专家"（policy wonks）和"电脑迷"（computer nerds）虽然缺乏可见性，但实际上控制着国家的方向。即使国家领导人发表的政治观点会反对技治主义，这种形式的技治主义论题也是有意义的，因为他们的决策仍然要依靠众多经济学家、军事技术专家、政治民调专家和科学顾问。（例如，1988 年的总统候选人迈克尔·杜卡基斯被贬为"技治主义者"，尽管曾任中央情报局局长的老乔治·布什很难说脱离了技术专家阶层。）

结　语

技治主义是一个历史悠久的概念，在当代社会有各种不同的形式。柏拉图强调统治中的知识，并把数学用作理智知识的模型和训练统治者的手段，尽管统治者本人是哲学家。培根强调自然知识的力量，并且展示了一个乌托邦，其中自然研究者为统治者提供信息，对自然的开发使国家变得繁荣而强大。圣西门和孔德强调科学知识优于宗教和哲学，并直接倡导科学家和工程师扮演统治角色。在 20 世纪初的美国，出现了"技治主义"一词和一场实际的政治技治主义运动。这场运动只流行了很短一段时间，但技治主义的观念以不那么明显的形式传播开来。20 世纪 50 年代至 70 年代，更微妙的技治主义学说普遍存在于美国、西欧和苏联。在 20 世纪 50 年代末的美国和西欧，政治意识形态被认为是过时的，并且被社会经济工程取代。20 世纪 70 年代，后工业社会的理论家声称，在信息社会，传统的所有者—企业家和传统政治家正在被企业和政府的技治主义者取代。

20 世纪 60 年代的意识形态政治抗议运动很快表明，有关政治意识形态消失的说法是错误的。在 20 世纪八九十年代，追求短期利润的业主的消亡被夸大了。然而，稀释的或隐含的技治主义观念已经广泛存在于政府机构和社会理论中。在一个高度依赖技术和技术发展的社会中，大公司和政府依赖于经济学家和其他社会科学家，如营销心理学家、调查员和民调专家，社会的技治主义倾向即使受到广泛谴责而不是赞扬，也仍在继续。技治主义引出的一个问题是：只有科学技术的推理才是严格而有用的推理形式，还是有什么非技术的推理形式适用于社会问题和日常生活问题？我们将在下一章讨论这个问题。

研究问题

1. 技治主义可取吗？为什么？

2. 技治主义的"微妙"版本，即加尔布雷斯所谓的技术专家

　　　　阶层，对你的社会来说是真的吗？也就是说，主要政治家和企业领袖的决策是否由技术顾问预先制定，以致其决策受制于低层的信息输入？

3. 从制造业经济向"服务经济"的转变是否证明我们的经济正在成为一种技治主义？什么样的工作算"服务"工作？所有这些工作或其中大部分工作都与高技术经济有关吗？

4. 阿道夫·伯利在20世纪30年代，以及加尔布雷斯在20世纪60年代，声称在现代公司中存在着所有权与控制权的分离。也就是说，公司为不监督公司日常运营的股东所拥有，不拥有公司的管理层控制着公司的运营。你认为这准确描述了今天的公司吗？它适用于所有公司、部分公司，还是一个都不适用？

第 4 章

合理性、技术理性和理性

使技术和技术社会的支持者与批评者区分开来的一个问题是合理性的本质。在我们的社会中，科学一般被视为合理性的主要模型或范式。技术（通常被理解为应用科学）同样被视为现代社会合理性的一部分。

技治主义者自视为理性统治的倡导者。然而，与柏拉图不同，他们将理性理解为技术理性/科学理性。技术悲观主义者或反乌托邦主义者的分析批评家不信任海德格尔和埃吕尔等欧洲人的宏大理论。技治主义者和大多数分析的技术哲学家都主张对技术逐个进行零碎的评价（Pitt，2000，Ch.5、6）。具有讽刺意味的是，在这方面，他们同意最近受欧陆哲学影响的美国技术哲学家（伊德、芬伯格、哈拉维）的看法。这些哲学家对技术具有一种可以在道德或文化上进行整体评价的本质或一般特征的说法持怀疑态度（Achterhuis，2001，pp.5-6）。在这方面，分析哲学家和后现代主义者确实是同床异梦的伙伴，他们都同意这一点。许多分析哲学家和几乎所有反对技术悲观主义的宏大论题和叙事的技治主义者通常会用风险/效益分析进行评估（见下文）。对风险和效益的数学计算能否体现或公正对待接受技术的人的道德价值和审美价值，这是一个重大问题，就像我们将在本章结尾看到的那样。

从 20 世纪初的德国社会学家马克斯·韦伯开始，许多学者都把现代西方社会的兴起描述成理性的兴起。韦伯谈到了社会各个领域的"理性化"，这当然包括经济和科学，但也延伸到社会和文化的所有领域。韦伯所说的理性化是指通过理性原则进行的系统化和组织。韦伯对理性化的研究范围非常广泛，不仅包括官僚制，而且包括（犹太教、儒教、道教、佛教和印度教中的）神学，甚至还包括音乐理性化的广泛例子，比如钢琴发展的历史（Weber，1914，1920，1920/1a、b、c）。

埃吕尔的"技术"（technique）与韦伯的"理性化"有诸多相似之处。（奇怪的是，埃吕尔在其第一部也是最著名的著作《技术社会》[*Technology Society*，1954]中引入了"技术"概念，但没有提到韦伯的"理性化"概念。）别忘了，埃吕尔是以下技术概念的主要倡导者，即技术主要是规则问题，而不是硬件问题（见第 2 章）。技术规则构成了他所谓的"技术"。埃吕尔的"技术现象"是将技术应用到生活和社会的各个方面，对应于韦伯理性化过程的完胜。

在 20 世纪末的技治主义理论和后工业社会理论中，将科学理性应用于社会预测和规划的各个领域被视为理性兴起的一个令人钦佩的巅峰。对操作分析、成本／效益和风险／效益分析、理性选择理论等技巧的运用，以及把经济模型普遍应用于政治甚至配偶选择等明显非经济的社会方面，都被视为积极的一步。应用社会科学变成了某种"社会工程"，它要比技治主义运动的进步主义运动先驱所设想的复杂得多（见第 3 章）。

与技治主义者和技术乐观主义者不同，对技术在我们社会中的主导地位持悲观态度的那些人常常将更高或真正的理性与技术

（合）理性或"工具（合）理性"（见下文）进行对比。技术理性被视为一种低级形式的理性，需要用真正哲学的、辩证的或其他更高的理性加以补充和监督。在源于康德和黑格尔的德国传统中尤其如此。辩证理性与工具理性的这种对比在 20 世纪的批判理论中得到了体现。

自古希腊的柏拉图时代以来，数学一直是西方的传统理性模型（见第 3 章）。一般认为，数学具有普遍性、必然性、严格性和确定性等特征。无论对于个人还是对于文化，数学都具有普遍性。任何正确遵循计算技巧的人都会得到相同的数学结果。正确的问题答案并没有主观的个体差异。同样，即使在符号上存在文化差异，证明的结果或问题的结果也不存在文化差异。"毕达哥拉斯定理"在古代近东和中国是被独立发现的，但其结果与发现和使用它的不同文化无关（一些研究民族数学的学者会对这一说法的推广提出异议，见第 10 章）。数学证明的逻辑具有一种令人信服的必然性：如果按部就班地证明下去，就必然会得出结论。必然的结论具有确定性，不能用理性怀疑它们。数学算法特别清楚地表明了这种必然性和确定性。算法是一种给出规则的步骤，如果遵循这些规则，就会机械地导出正确结果。数学结果精确而不模糊，即使是处理概率和统计的数学也会给出精确的概率和分布。

数学的这些特征使许多哲学家和社会理论家都将数学视为理性的范式。许多西方哲学家认为，理性一般应当追求数学所显示出的普遍性、必然性、确定性和精确性。现在被称为唯理论的 17 世纪哲学运动渴望使所有哲学推理都符合数学的必然性和严格性，其主要代表人物是解析几何的发明者、法国数学家勒内·笛卡尔（René Descartes，1596—1650），微积分的共同发明者、德国数学家兼哲学家戈特弗里德·莱布尼茨（Gottfried Leibniz，1646—

1716），以及靠磨制镜片为生的荷兰哲学家巴鲁赫·斯宾诺莎（Baruch Spinoza，1632—1677）。斯宾诺莎以几何学论著的逻辑形式，用公理、定理和证明撰写了他的《伦理学》一书。即使那些认为我们在科学和伦理上的推理没有达到数学理想的哲学家，也把数学理想用作衡量其他领域推理的标准。约翰·洛克声称自然哲学（物理学）不可能是一门科学，因为我们不知道物体亚微观构造的本质（Locke，1689，p.645），而伦理学则可能是一门科学，因为它基于从定义出发的逻辑推导！虽然洛克经常被视为经验论的创始人，但这种对物理学和伦理学的评价与后来的逻辑实证主义和当代许多有教养的（或半有教养的）常识截然相反。

这种数学的推理理想在最近几个世纪导致了伦理学中的计算模型。英国哲学家杰里米·边沁（Jeremy Bentham，1748—1832）声称，伦理就是增加快乐单元，减少痛苦单元（作为快乐的负数），使所有相关人员的快乐最大化、痛苦最小化的行动和政策（以简单算术的方式计算）就是最好的行动和政策。边沁称这种伦理学理论为功利主义。20世纪政治学领域中的理性选择理论家将成本与效益的经济学模型当作政治军事战略的模型。风险/效益分析师通过增加效益和减少风险来评估技术项目的价值，其方式与边沁的功利主义类似。

科学理性比数学理性更宽泛。科学包含数学，但也包含观察和实验。用证据来支持或确证科学假说和理论并不包含数学证明或算法的必然性和确定性。科学假说和理论并不是确定的，而最多是可能的。科学包含猜测和判断。

然而，在19世纪和20世纪的大部分时间里，许多科学哲学家、归纳逻辑学家和逻辑实证主义者都追求一种机械的科学方法和自动精确计算科学理论概率的算法。这正是鲁道夫·卡尔纳普的形式归纳逻辑工作的理想。到了 20 世纪后期，除了极少数科学哲学家，所有人都从这项事业的失败中得出结论：这是一个虚幻的目标，科学方法不能变成机械的和算法的。

近几十年来，许多科学哲学家都相信科学的算法模型特别是形式归纳逻辑的纲领失败了，他们接受了一种涉及判断的更宽泛的理性概念（Putnam，1981，p.174-200；Brown，1988）。判断包含估计情况、评估证据以及在不遵循规则的情况下决定行动路径。亚里士多德在其《伦理学》（约公元前 240 年）中强调了判断的作用。尤其是在第三批判即《判断力批判》（1791）中，康德也强调了判断力的作用，并主张判断不以规则为特征。如果存在判断的规则，那就需要存在应用判断的规则，以及那些规则的规则，如此等等。即使判断不遵循规则，判断也不是随意的（Arendt，1958）。法律、医学、科学和技术中经过深思熟虑的判断都被认为是合理的，尽管它们并不遵循某些原则或处方。

然而，在很大程度上基于科学技术的一个（合）理性版本在20 世纪得到了广泛青睐，这就是韦伯等人所说的工具（合）理性。工具理性是手段–目的的理性，涉及寻求最有效的手段来达到给定的目的。工具理性和对效率的寻求被正确地等同于技术进路。（埃吕尔的"技术"强调效率和寻求有效的手段，与韦伯的工具理性非常相似。）

工具理性与科学也关系密切。奥古斯特·孔德认为科学的目标是预测，而不是采取旧的形而上学进路，用本质或本性进行解释。预测基于因果律。如果某件事发生了，那么就会有某个结果。如果划（干的）火柴，火柴就会点燃。工具理性依赖于科学的因果序列或"如果……，那么……"关联。一个人若要达到某个目标，就必须遵循某个程序；若要点燃火柴，就必须划它。手段和目的反映出原因和结果（Putnam，1981，p.175）。

工具理性的一个特点是，尽管它关注的是将手段与目的相匹配，或寻求达到给定目标的有效手段，但它并不评价目的本身。对目的的选择本身被视为随意的和非理性的，或至少是不涉及理性的。这又与认为我们无法对价值进行推理，以及价值判断是主观和随意的联系在一起。早在 20 世纪初，马克斯·韦伯就对我们文化中的这种流行观点给出了经典表述。根据韦伯的说法，西方文化正在理性化。越来越多的传统思想和行为领域正在被工具理性组织起来。然而，虽然手段被理性所组织，但目标或价值却基于非理性的决定。关于价值，不可能有真正的推理。这里韦伯同意存在主义者的看法，认为价值选择是一种随意的非理性决定。

工具理性或工具合理性的批评者不同意这一结论。许多评论家会主张，对道德进行推理是可能的。在这里，柏拉图和亚里士多德等古典哲学家都不同意韦伯和存在主义的看法。

美国实用主义者约翰·杜威以一种非常不同的进路声称，我们可以对价值进行推理，但他自己的推理模式本身是手段—目的推理。目的的确证明手段是合理的，但并非每一个目的都足以证明其手段是合理的。目的与手段必须彼此适合。

实证主义声称，只有科学的预测推理和可能的因果推理才是合法的推理形式和有意义的话语，与此相反，工具理性的一些批评者则会诉诸传统的形而上学推理。这种更高的推理形式已经以各种方式得到刻画，尽管这些方式是相关联的。柏拉图认为，虽然从假设或公理出发的数学推理是对哲学家统治者的训练，但数学推理要低于质疑基本假设的辩证推理。辩证推理考察了正义等价值的形式。（见第 3 章对柏拉图关于哲学家—统治者教育计划的讨论。）

在 18 世纪末和 19 世纪初，康德、黑格尔等一些德国哲学家以各种方式对比了理性和知性。在康德那里，知性是关于事物和原因的常识推理和科学推理的能力（Kant，1781）。知性处理在空间和时间中被界定的东西，这些东西是有限和有界的，其更大的空间和时间背景是由我们的直观形式提供的。自在之物是无法被感知和理解的，而对我们来说的物、被经验之物，则是被我们的感知和知性所把握和组织的。我们知道自在之物存在，但不知道它是什么。我们只知道我们从感知和概念上加以组织的东西。当不在感知事物时，我们就无法步出我们的感官或心灵去看看事物是什么样子，或者独立于我们对它们的思考来思考事物是什么样子。

理性是关于自我、上帝和宇宙等超越知性所及的概念的推理能力。后面这些对象，即宇宙整体的观念和上帝的理念，并没有在空间和时间上被界定，因此不能被理性把握为对象。它们是我们推理序列的极限或渐近线，但却是伪对象。

在这里，康德意义上的理性是对知性适用于有限对象的无限外推。不朽的灵魂相对于时间是无限的。传统上，上帝被描述为在能力、知识、善和其他许多方面都是无限的。宇宙在空间或时间上可能是无限的，也可能不是无限的。理性在其理论形式上导致了矛盾。作为没有经验输入的知性，理性可以说在做无用功。在处理像上帝、灵魂和整个宇宙这样未被界定的对象或非经验对象时，这种形式的理性乃是知性试图超越自己的限度并陷入悖论。康德把关于整个宇宙的这些矛盾称为"宇宙论的二律背反"。于是，根据康德的说法，我们既可以反驳无限宇宙的概念，显示出矛盾，明显地捍卫有限宇宙，但也可以反驳有限宇宙的概念，显示出它的矛盾，明显地捍卫无限宇宙。（数学中关于无限的"素朴"集合论悖论与康德的理性二律背反非常相似。）

同样，自由和决定论都可以在纯理论层面上加以反驳。但康德认为，在实践的而非纯粹理论的道德领域，实践理性能够把握像"自由"这样对于纯粹的理论理性来说悖谬的概念。

黑格尔赋予理论理性的辩证法一种更加正面的作用。理性导致的矛盾所引出的新表述超越并综合了曾经相互矛盾的对立概念。对于这个过程，黑格尔使用了一个德文术语"扬弃"（aufheben），既指抛弃，又指提升到一个新的层次。与康德的起障碍作用的理性矛盾不同，黑格尔的矛盾是推动理性前进的动力。虽然有些不准确，但黑格尔的辩证法通常被描述为从一个论题（一种观点或立场）开始，它被一个反题（一个对立的、相反的观点）所反对，两者既在一个包含了两者最好的东西的合题中被吸收和超越，同时又将它们的融合提升到一个更高的层次。黑格尔声称，像康德所声称的那样把握理性的限度，在某种意义上就是能够超越这些限度来把握它们。这种辩证推理表明，理性并没有康德认为存在的那种限度。（迪士尼公司制作的动画电影《玩具总动员》［*Toy Story*］中的主角之一巴斯光年［Buzz Lightyear］的口号"飞向无限，超越无限"［To infinity and beyond］，也可以充当黑格尔和研究无限集的数学理论家的座右铭，但康德、亚里士多德以及要求所有证明都基于具体计算的数学家都会否认这一点。）

请注意，辩证法也不再像在柏拉图和康德那里一样仅仅是一种对话或思维过程，而就是实现的过程本身。马克思转而继承了黑格尔版本的辩证法。对于黑格尔和马克思来说，社会和历史处于一个辩证过程中，而对于黑格尔和马克思的伙伴恩格斯来说，自然本身就是一个辩证过程。

赫伯特·马尔库塞（Herbert Marcuse，1898—1979）和于尔根·哈贝马斯（Jürgen Habermas，1929—　）等20世纪的德国批

判理论家采用了康德、黑格尔和马克思的概念，试图发展一种辩证的方法来批判现代工业资本主义的技术社会。他们认为，现代技术社会正在受工具理性的奴役。他们认为科学／技术理性是优越的，传统形而上学和伦理学是无意义的，这些技治主义的实证主义观念正是现代社会的意识形态。把目的和价值问题推到理性考察和理性讨论的领域之外，是为了防止对暗中统治的价值观和统治者的价值观进行批判。马尔库塞将柏拉图和亚里士多德的传统形而上学推理与实证主义的有限推理进行了对比，认为后者是军事工业官僚主义的隐性学说。马尔库塞认为，韦伯在工具理性与价值考虑之间做出的清晰区分是对资本主义和官僚主义的隐性辩护。他声称，韦伯的决定论、价值观的主体性以及对社会理性化的强调，含蓄地服务于极端保守的目的（Marcuse，1965）。马尔库塞甚至暗示，虽然韦伯本人持反社会主义的自由主义立场，但他强调统治者的专横决定和超凡魅力的领导，却指向了法西斯主义。马尔库塞甚至将分析哲学家揭穿形而上学推理与执行猎巫行动的政府侦查员声称听不懂其政治激进目标的语言相比较（Marcuse，1964，p.192）。马尔库塞会用辩证的或哲学的理性来取代或约束工具理性，甚至可能用一种服务于人类价值的新的"被解放的"科学技术来取代传统科学技术。

　　哈贝马斯同样感到，工具理性作为良好社会的基础是有缺陷和不足的，但认为工具理性对于科学技术来说是完全适当的（Habermas，1987）。他认为错误并不在于把工具理性用于技术，而在于把工具理性延伸到政治和家庭等其他领域。按照哈贝马斯的说法，科学主义和技治主义是这种非法延伸的理论表现和政治表现。他将适合个人主体或认知者操纵事物的工具理性与适合两个或多个人进行互动的交往理性进行对比。他借用现象学家埃德蒙德·胡塞尔（Edmund Husserl，1859—1938）的说法，将这个人类日常互动的领域称为"生活世界"（见第 5 章）。哈贝马斯所谓"生活世界的殖民化"是将技术方法和工具理性应用于人的交流领域。用成本 / 效益分析和理性选择的政治方法来取代关于政治意义和目标的交流话语，或者用所谓的科学行为工程来取代育儿和教育，就是这种殖民化的例子。哈贝马斯关于工具理性之危险的主张比马尔库塞的主张更温和，并且关注工具理性的非法延伸和外推，而不是工具理性本身。

南茜·弗雷泽（Nancy Fraser）等女性主义批评家认为，哈贝马斯关注不受福利制度和教育制度干预的传统家庭权威的诚实正直是一种反动立场。她们认为，哈贝马斯实际上是在捍卫传统的父权制，是在剥夺儿童反对独断专行或虐待孩子的父母的权利（Fraser，1987）。哈贝马斯本人则认为，对官僚技治主义最激进的当代挑战也许正是女性主义的那些"本质主义"分支，它们试图捍卫与面对面交流、育儿和关注后代相关的价值。

传统马克思主义的追随者和技术研究者在哈贝马斯这里看到的一个问题是，他把工具理性和劳动与交往和理解截然分开。传统马克思主义者认为，马克思的社会劳动概念并非没有人的交往（尽管马克思关于交往在社会劳动中的作用的论述很难被充实和具体化）。技术研究者也否认作为工具行动的技术推理可以与政治或日常生活的交往领域完全分开。哈贝马斯对于将伪科学或粗糙机械论的、科学主义的社会理论应用于社会生活的管理和控制（"社会工程"）的正当关注，乃是基于一种关于劳动与交往以及工具理性与交往理解的错误的绝对二元论。哈贝马斯从不对技术项目的具体例子进行分析，这也许并不奇怪。事实上，芬伯格指出，"技术"一词并未出现在他那两卷大部头的《交往行动理论》（*Theory of Communicative Action*）的索引中。考察个人的价值和意义、政治权力和说服与技术的工具方面的互动，也许会破坏他尖锐的二元论（Feenberg，1995，pp.78-87）。

　　哈贝马斯否认技术的交往理解维度的一个来源是，他依赖于逻辑实证主义者和波普尔对自然科学的论述。哈贝马斯对科学、技术和工具理性进行原始论述时，并不知晓库恩（Kuhn，1962）和斯蒂芬·图尔敏（Stephan Toulmin，1961）等美国学者对科学的后实证主义讨论（见第 1 章）。后来的哈贝马斯当然知道这些工作，但从未把它纳入他关于工具与交往行动的基本图式所假设的科学技术形象。

　　有趣的是，哈贝马斯很早就否认科学事实和理论可以在生活世界中找到一席之地（Habermas，1970，pp.50-55）。特别是，他拒绝接受作家奥尔德斯·赫胥黎（Aldous Huxley）提出的将科学事实和理论纳入文学的呼吁（赫胥黎曾在一些小说中做过这件事情）。后实证主义科学哲学强调科学的范式、模型和预设的作用，认为这些东西可以在生活世界的思维模式中充当意识形态和神话。在过去几十年里，许多关于艺术和科学的研究都表明，从科学技术中借用的概念是如何被纳入了虚构文学和生活世界，从早期抽象画中的非欧几何和 X 射线（Henderson，1983，1998），到后现代主义文学对混沌理论的兴趣（Hayles，1990，1991），不一而足。

　　哈贝马斯更为温和的立场在很大程度上取代了马尔库塞对批判理论实践者中一种解放性的新科学技术的乌托邦式的但未经阐明的呼吁。这在一定程度上是因为哈贝马斯接受了科学技术的现状，并且吸收了 20 世纪中叶哲学和社会科学的一些发展。然而，似乎有理由拒绝哈贝马斯对工具行动与交往行动的严格分离，以及他对技术完全价值中立的接受，而不必推测有一种完全不同的科学将会取代我们今天的科学。相反，根据对最近技术研究的分析，认识到技术工具理性和政治社会价值在技术的社会发展中的作用似乎是正确的（Feenberg，2002，Ch.7）。更广泛的理性概念包括了数学和逻辑的纯形式步骤和算法程序，并进而包括了语境判断，这种概念既可以包含关于技术的形式方面和专业方面的推理，也可以包含关于技术系统的发展所涉及的社会政治判断的推理。

风险 / 效益分析

风险 / 效益分析是评估技术项目的一种定量手段。它在结构上与边沁的功利主义非常类似，因为它把正面要素加在一起，减去了负面要素。边沁的功利主义总结了快乐和痛苦，而风险 / 效益分析则总结了效益和风险。效益和风险一般用金钱来衡量。这很方便，但也给评估引入了某些偏差。此外，风险 / 效益分析还用概率来衡量效益，特别是风险。风险是以金钱衡量的损失与损失发生概率的乘积。工业事故和个人患癌症的可能性就是风险 / 效益分析中概率加权的例子。在分析中，我们把按照出现概率加权的效益加在一起，然后减去风险（损失乘以出现概率）。风险 / 效益分析是将技术理性应用于技术评估的一个主要例子。技治主义进路赞同风险 / 效益分析表面上的严格性和客观性（见第 3 章）。

关于风险 / 效益分析的适用性和准确性，存在许多问题和争议。由于在结构上类似于边沁的功利主义，所以功利主义的一些问题也适用于风险 / 效益分析。评估完全是根据后果进行的。由于边沁的功利主义不接受不以后果（在边沁那里是快乐，在通常形式的风险／效益分析那里是金钱收益和损失）为基础的行为或政策的错误，所以伦理学家对后果主义伦理学进路和简单功利主义进路的反驳也适用于风险／效益分析。

风险／效益分析的一些问题是技术性的和科学性的。事故发生的概率常常难以估计，只能靠猜测。许多复杂的工程分析被发明出来，比如故障树（fault trees）。故障树描绘了个体故障及其概率，被用来计算一个技术系统中可能导致灾难性事故（比如在核电站的熔毁中 [Roberts，1987]）的故障序列的概率，其在故障模式和影响分析中（FMEA）更聚焦于制成品（McDermott et al.，1996）。

风险／效益分析的其他问题不像上述问题那样是纯经验性的和技术性的，而是更具哲学性。一般来说，一个项目的经济效益相对容易评估，但风险并非如此。许多危害或风险并不容易直接进行经济评估或定价。一个值得注意的例子是人类生命的价值。一些风险／效益分析使用的是对未来收入的估计，这导致对穷人（收入较少）或老年人（未来收入较少）的死亡不太重视。针对老年石棉工人进行的一项危害分析就低估了风险，因为这些工人大多已经退休，未来几年没有工作收入。还有一些为生命定价的方法使用了保险公司的精算估值。这里，低收入的个人同样可能很少购买或根本不购买保险，因此他们的生命价值会非常低。此外，一些宗教伦理进路会根本否认可以把一种相对的金钱价值赋予生命。如果认为每个人的生命都有无限价值（就像基督教和康德的一些观点所主张的那样），那么任何项目，无论它有多大金钱收益，都不能证明哪怕低概率地失去一个生命是正当的。（无限大乘以任何有限的数，哪怕是很小的数，也是无限大。）

但风险／效益分析的捍卫者回应说，我们必须对一个技术项目的价值做出某种估计，即使它和许多项目一样因排放、污染、工伤或灾难性事故而涉及一些小概率的生命损失。因此，一个人必须利用收入、保险或其他某种衡量生命价值的手段。风险／效益分析的支持者会问，如果拒绝这类计算，我们应如何做出理性的决定呢？

除了人类生命价值的损失，还有一些负面的项目后果很难与正面的金钱利益做权衡比较。其中之一是自然景观的审美价值会因项目而降低。例如，发电厂可能会给国家公园造成空气污染，破坏一些美景。但一些建筑公司和政府监管机构仍然会使用复杂的模型，试图为自然美景赋予金钱价值。

另一项很难用金钱来评价的损失是野生动物或非商业生物物种的损失。如果采用最简单的方法，那么濒危物种或没有商业用途的生物的价值就是零，它们的损失毫无意义。如果用最简单直接的方法来衡量野生动物的商业价值，它们的价值可能会非常低。罗纳德·里根总统的预算顾问戴维·斯托克曼，曾对中西部发电厂产生的酸雨对纽约阿迪朗达克山区鱼类的影响不屑一顾。他说，捕鱼许可证、鱼饵销售以及汽车旅馆或露营地的费用对渔民来说价值很小。这一结论似乎与深生态学家对自然的评价截然相反（见第 11 章）。显然，要想在风险／效益分析中考虑野生动物和栖息地的损失，就必须用更复杂、更间接的方式来估计野生动物的价值。

对于风险／效益分析来说，还有一个困难的或至少是复杂的领域是对公正的考虑。这也是简单的边沁式行为功利主义的困难。给许多人很小的利益可能在价值上超过巨大的损失，包括一个人或少数人的生命损失（如果生命损失是根据有限的痛苦的量来计算的）。制造商常常会权衡在法律诉讼中支付给伤者或死者家属的预期金额，以及对产品做更大规模测试或改造所付出的成本。"福

特平托车（Pinto）案"就是一个经典案例，在这个案例中，制造
商对制造在撞击时不容易爆炸的新油箱做了成本/效益分析，并且
比较了与受伤或死亡的平托车乘客相关的诉讼成本。传统上，制
药公司会计算更频繁地测试产品样品的成本曲线、与因产品缺陷
导致的伤害或疾病而付出的诉讼成本之和的最小值。

　　风险中涉及的利益接受者和遭受损失的受害者往往是不同的
人群。从发电厂或工厂获得经济利润或消费者利益的投资者常常
住在远离发电厂或工厂的地方，而污染、辐射或其他风险的受害
者则常常住在发电厂附近。批评为幼儿接种多种含汞防腐剂疫苗
的人反对说，据称少数儿童会因此而患上孤独症，尽管这些疫苗
能够帮助许多儿童预防疾病。对风险与效益的简单相加忽视了分
配公平问题。一些分析师用分布因素来补充风险/效益分析。

　　风险/效益分析的一些反对者指出，风险/效益分析的实践
者和支持者一般会用这种方法来表明所分析的技术项目是正当的。
通常认为，绝对大数支持风险/效益分析的人也会支持减少对所审
查企业的政府监管。此外，关于"冒险"的虚夸言辞被用在广告
中，声称"坚定的个人主义"美国先驱者都是冒险者，而现代消
费者则只会懦弱地规避风险。当然，这种虚夸言辞错误地将先驱
者自愿、知情地接受进入未知领域的风险，与非自愿地、经常在
不知不觉中遭受污染、辐射或劣质的有缺陷产品的风险等同起来。
当然，企业广告商有时利用这种误导性的对风险的虚夸赞扬，这
并不是说对技术的风险/效益分析是错误的。

　　常有人指出，受检的污染或辐射的风险要小于某种更平凡的
活动，该活动具有一种普遍未被认识到的风险（如经常暴露于高
空飞行所产生的辐射或某些地区的家庭氡污染）。此外，据说风
险/效益分析的支持者经常指责公众"非理性"，因为公众害怕比

如说核能，并接受其他低能级的辐射源。风险/效益分析的支持者还会利用关于人们在日常情况下做出的不准确的概率评估的研究（Kahneman and Tversky，1973）。在这种对公众非理性的批评中大多隐含着这样一种看法，即只有科学家、工程师和风险/效益分析师才有资格对技术项目是否可接受做出合理的判断（Perrow，1984，pp.307-315）。也就是说，无知而非理性的公众与冷静而理性的风险/效益分析师之间的反差暗地里支持了技治主义（见第3章）。但卡尼曼（Kahneman）和特维斯基（Tversky）发现，在现实生活中进行非正式的概率评估时，即使概率论专家也会犯与普通人相同的错误。

事实上，风险/效益分析的许多支持者已经接受了关于风险的心理维度的研究或亲自做了研究，并且在公众所谓的"非理性"判断背后找到了可以证明其中一些判断是合理的评估模式。例如，非自愿风险被认为比自愿风险更不可容忍；未知的或不熟悉的风险比已知的或熟悉的风险更难以忍受；具有潜在灾难性的风险（可能导致重大灾难）被认为要比造成在时间空间中广为散布的分散伤害或生命损失的风险更不可接受；最后，将风险和效益不公平地分配（给不同群体或把风险转嫁给后代）的风险要比在人口中公平分配的风险更不可接受（Lowrance，1976，pp.86-94；Slovik et al.，1981）。传统的纯风险/效益分析会认为所有这些考虑因素都与风险本身无关。

一些分析师将"感知风险"与"真实风险"进行了对比。有人说，公众对风险的感知即使不科学，也必须在政治上加以考虑。然而，风险的不均等性、潜在灾难性或非自愿性等考虑因素，并非显而易见地与比如纯粹通过以平均寿命的缩短来衡量"实际风险"无关。有些人会区分对风险本身的计算和对风险"可接受性"

的判断，后者可以适度地考虑风险的自愿性或不公平性等问题。

在考虑风险的可接受性时，不论一个人对于考虑上述因素的"合理性"程度如何评估，都可以认为，有关社会风险的政策决定必然是政治的。在政策决定中，我们处理的是社会决策，而不是个体的心理。社会决策需要建立社会共识，这一过程本身必然有政治要素。群体决策机制即是它的政治（Rescher，1983，pp.152-156）。

社会建构论者（见第 12 章）声称，所有风险评估都是社会建构的。据称，权力关系、谈判和政治意识形态渗透到了整个风险／效益分析中。上文提到的那些考虑因素，比如辩护性地使用日常风险与高技术项目风险的比较，以及对公众估计风险的合理性加以贬低的技治主义倾向，支持了社会建构论的立场。但社会建构论更进一步声称，风险分析中涉及的所有方法和数据都是社会建构的，并且充斥着政治偏见。著名人类学家玛丽·道格拉斯（Mary Douglas）和新保守主义政策分析师亚当·威尔达夫斯基（Adam Wildavsky）甚至声称，对空气污染的恐惧仅仅是关于污染和纯净的原始禁忌，与物理现实没有关系（Douglas and Wildavsky，1982）。

要使风险／效益计算的科学方面摆脱有关基于这些分析来反对或支持技术项目的政治或社会判断，一种方法是将"风险／效益分析"与"风险管理"区分开来。这会截然区分风险评估的"科学"方面和"政治"方面。然而，社会观点或政治偏见与风险／效益分析之间的关系要复杂得多。

诚然，不仅在政策决策中，而且在风险／效益分析本身当中，也有人的社会偏见可以进入的领域。必须判断将哪些低概率算作"有效零"，使用哪些统计评估的阈值水平，使用哪些模型从动物实验外推到人，以及其他许多问题。在任何特定的案例研究中，一个人的偏见无论是在淡化风险还是在强调风险，都会影响有关风险计算的决策。因此，我们不可能使政治与风险管理的政策决定方面完全隔绝，并使科学保持纯洁，不受社会态度的影响。然而，这并不是说科学客观性在风险分析中没有位置。正如我们在考察科学哲学时所看到的，一种机械的或算法的归纳进路或科学进路是不可行的（见第 1 章）。我们发现，纯粹机械的风险分析方法是不可能的，而且正因为社会态度可以在关键时刻影响科学判断，所以这并不意味着风险分析是完全武断的或完全受制于社会偏见。一旦意识到需要在哪里做出有关阈值和外推的判断，就可以检查有哪些偏见可能已经进入了计算，并进行批评。因此，虽然完全无偏见和机械地评估"实际风险"是不现实的，但社会建构论夸大了在何种程度上风险评估必定只是对偏见的表达（Mayo and Hollander，1991）。

结　语

我们已经看到了不同种类的理性。形式主义理性将理性等同于演绎逻辑。欧几里得的几何学是柏拉图和 17 世纪唯理论者的典范。后来的一些人将理性等同于一种形式归纳逻辑，在卡尔纳普那里，它在先验结构上近似于一个演绎系统。另一些人则将理性等同于工具推理或技术推理，即让手段适应目的。康德和黑格尔以不同的方式将普通逻辑与先验逻辑、理性与较低的知性进行了对比。在其浪漫的极端，这种超验理性可以成为一种准神圣的直觉或艺术家的审美判断。经济的、计算的理性是风险 / 效益分析师诉诸的理性。形式主义理性、经济理性和工具理性都低估了不受规则约束的判断的必要性。批判理论家将先验的、辩证的理性与形式主义的、定量的、技术的、操作的、工具的理性做了对比。

研究问题

1. 形式的（数学的—技术的）理性是否完全把握了理性的含义？

2. 除了工具理性或技术理性，还有更高的"形而上学"理性或"辩证"理性吗？

3. 风险/效益分析作为评估技术项目的一种手段是可以接受的，还是应当拒绝的？因为除了金钱上的后果之外，它忽视了权利和公正。

4. 我们是应当拒绝用金钱来衡量生命（以及非人类的生物和自然景观），还是必须使用它，因为只有这种方法才能平衡生命（以及物种或风景）的损失与技术项目的效益？

第 5 章

现象学、解释学和技术

逻辑—语言的分析进路和现象学进路是 20 世纪哲学的两个主要趋向。逻辑分析进路最初起源于并主导了英语世界的哲学（尽管奥地利的逻辑实证主义者、柏林的逻辑经验主义者和波兰的逻辑学家都是这一趋向的重要组成部分），而现象学进路则主导了"欧陆"哲学（特别是法国和德国）。"欧陆"一词（指欧洲大陆，与英国和爱尔兰形成对照）表明，这种二分方式是由英国哲学家及其美国追随者造成的。近几十年来出现了对于英美/欧陆之分裂的大量"弥合"工作，分析的实用主义哲学在德国兴起，而少数美英哲学家则在利用法国和德国哲学。此外，法国结构主义和后现代主义的一些版本与英美语言哲学有着概念上的相似性，即使风格、修辞和态度差异如此之大，以致彼此之间难以交流。

现象学是对经验的描述。现象学试图描述纯粹的经验，避免了将我们"知道"（或认为我们知道）存在于对象中的特征归于我们经验的常见倾向。（这种倾向正是威廉·詹姆士［William James，1842—1910］所说的"心理学家的谬论"。）我们可以把现象学家比作印象派画家，他把对象画成在特定光线、特定时间或阴影中感知到的样子，而不是画成具有在明亮阳光的标准条件下"据信应该有"的颜色。

最初的现象学是德国人胡塞尔的现象学。他在数学和心理学方面都受过训练，因此比他的大多数直系弟子更同情科学，也更了解科学。胡塞尔声称要在没有任何理论或预设的情况下描述经验。对胡塞尔等现象学家来说，所有意识都是对某种东西的意识。这一特征，即意识的直接性，被称为意向性（现象学家对意向性的强调，使他们与哲学中的逻辑实证主义者和心理学中的行为主义者截然对立）。经验对象的存在问题被"加了括号"，或被所谓的"现象学还原"所悬搁。对经验的现象学描述既包括知觉经验，也包括经验的概念方面。胡塞尔及其密切追随者声称要通过胡塞尔所谓的"本质直观"（eidetic intuition）提取经验的"本质"。（eidos 是希腊词，意指柏拉图所说的形式。见第 2 章对本质的讨论，以及第 2 章和第 3 章对柏拉图的讨论。）

马丁·海德格尔是胡塞尔最有影响的学生，也是胡塞尔从思想上主导德国哲学（以及后来的法国哲学）的竞争者。海德格尔的现象学版本强调活的生存（live existence），声称避免了胡塞尔那种柏拉图式的形式主义，以及胡塞尔与笛卡尔、英国经验论者和许多传统西方哲学所共有的那种旁观者式的知识进路。海德格尔拒绝接受胡塞尔的现象学还原中那种看似超然和中立的立场。不仅如此，他还用一种对世界的诠释性卷入（interpretive involvement）取代了胡塞尔那种带有强烈柏拉图主义－亚里士多德主义色彩的本质概念和本质直观概念。海德格尔用"生存论范畴"（existentials）取代了以前哲学的抽象范畴，并用某种类似于情绪的东西而不是形式抽象作为人类经验的基本定向结构。

胡塞尔在其后来的作品中发展、修改或补充了他的现象学。在其《欧洲科学的危机与超越论的现象学》(*The Crisis of European Science and Transcendental Phenomenology*，1936)中，胡塞尔讨论了伽利略和近代物理科学的创建。他补充了"生活世界"这个概念，即处于科学抽象背景下的日常生活经验世界。一些人声称，这部作品本身是为了尝试回应他的学生海德格尔对现象学的批评和发展。海德格尔拒绝接受胡塞尔那种无预设的现象学。

20 世纪 60 年代，受海德格尔现象学影响的法国哲学家(让-保罗·萨特 [Jean-Paul Sartre，1905—1980] 和 20 世纪四五十年代的莫里斯·梅洛-庞蒂 [Maurice Merleau-Ponty，1907—1961])的美国追随者将这场新的运动称为"存在主义现象学"。虽然这个标签忽略了海德格尔思想的某种微妙性和复杂性，但它确实大致刻画了占主导地位的新的现象学进路。用萨特的口号来说，存在主义认为存在先于本质。存在主义强调的是具体的、独特的个体，而不是一般的形式或本质。它类似于唯名论和经验论，尽管在风格和主题上有很大差异。存在主义关注人的生活，而经验论则主要关注经验科学。但所有这些趋向都拒绝接受柏拉图的形式和极端理性主义。存在主义现象学要比原始形式的胡塞尔现象学更具体。海德格尔本人的作品被更恰当地称为"解释现象学"，因为它包含了来自关于文本和文化的诠释理论的洞见(见下文关于解释学的更多内容)。

胡塞尔本人在《欧洲科学的危机与超越论的现象学》中把现象学应用于科学。在其最早的著作中，他曾把现象学应用于逻辑和算术。胡塞尔的一些直系追随者将现象学应用于数学物理学、心理学和医学诊断。胡塞尔强调，科学的抽象是对生活经验(生活世界)概念的理想化。数学物理学中的点和完美直线都是由经验中普通体积和形状的连续近似所产生的理想化。英裔美籍过程哲学家怀特海在大约 1920 年左右提出的"广延抽象法"中，甚至 19 世纪中叶的英国经验论者约翰·斯图尔特·密尔（John Stuart Mill，1806—1873）在其《逻辑体系》（*A System of Logic*，1843）一段鲜为人知的话中，都发展了类似的理想化方法（见第 12 章"行动者网络理论作为对社会建构的替代"一节对过程哲学的讨论）。在胡塞尔看来，声称数学物理学的理想化是真实的而日常经验则是有些虚幻的，这种说法完全颠倒了生活世界与科学之间的关系。基本的出发点是生活经验。科学的抽象是一些构造物，使我们能够预测和控制，但并不比日常经验对象更真实（怀特海称之为"具体性的误置"）。日常经验对象和科学对象都可以作为现象学描述的经验对象。

　　解释学的意思是"诠释"，它始于对《圣经》文本的诠释。19 世纪初，德国神学家和哲学家弗里德里希·施莱尔马赫（Friedrich Schleiermacher）将解释学发展成关于一般文本诠释的学科。德国哲学家威廉·狄尔泰（Wilhelm Dilthey）在 19 世纪末扩展了解释学，使之包含了对人类行为和文化的理解。海德格尔将来自解释学的概念纳入了他自己的现象学版本（解释现象学）。汉斯-格奥尔格·伽达默尔（Hans-Georg Gadamer）大大发展了海德格尔致力的解释学方面。与胡塞尔现象学的早期版本形成鲜明对照的是，解释学并不主张从无预设的立场来处理问题，而是主张我们用（伽达默尔的术语）"前见"或预先理解来对待文本。这使我们能够诠释文本，并进而考察那些预备的方向。这就是所谓的"解释学循环"。虽然我们依靠最初的理解来诠释文本，但随后的诠释有助于我们重新调整那些理解。仅仅在过去几十年里，解释学才被应用于自然科学。帕特里克·黑兰（Patrick Heelan，1983）和唐·伊德（Don Ihde，1998）是从事这项工作的两位美国哲学家。以前的科学解释学是指对科学的文化诠释，但伊德发展了一种科学中的解释学，即论述了科学家在仪器读数方面的诠释活动。

唐·伊德《技术与生活世界》和扩展的解释学

现象学对技术的最清晰也最容易理解的应用可见于当代美国技术哲学家唐·伊德的作品。在他的《技术与生活世界》（*Technology and the Lifeworld*，1990）和其他著作中，伊德专注于科学仪器在观察中的作用。知觉现象学是分析的出发点，但伊德强调，技术装置居间促成了科学感知。伊德接受并整合了工具实在论者的工作（见第 1 章）。和工具实在论者一样，他并不希望宣称那些在日常感知中无法直接观察到的科学对象在某种程度上是"理论实体"，它们缺乏实在性或具有一种不同于普通对象的抽象实在性。相反，与许多欧陆哲学家不同，伊德声称，最具技术性的科学的对象和常识对象一样是知觉的对象（尽管是一种在技术上扩展的知觉）。

伊德指出，有两种不同的仪器感知模式。在一种模式中，观察者和仪器相对于科学对象是统一的。他将其表示为：

（我—仪器）—对象；如同：（我—电话）—你

在另一种模式中，观察者正在读取仪器—对象复合体。前者使仪器成为我们身体的一部分（即"具身关系"），后者则描述了解释学中的情形（即"解释学关系"）。伊德将这种情况表示为：

我一（仪器—物体）；如同：工程师—（仪器—核反应堆）[1]

在仪器读数的情况下，对象是通过仪器"读取"的。它并不是透过显微镜或望远镜实实在在"看到"的，而是仪器读数使我们可以对物体进行诠释。

回想一下，传统解释学从对神圣文本的诠释开始，然后扩展到对一般文本的诠释（施莱尔马赫），再扩展到对一般文化和历史的诠释（狄尔泰）。然而，即使在后来的推广中（从 19 世纪末到 20 世纪末），解释学也仍然主要被视为一门纯粹的人文学科。狄尔泰坚持人文科学（*Geisteswissenschaften*）与自然科学（*Naturwissenschaften*）的区分。这两种科学的反差在于，在人文科学中是（诠释性的）"理解"，而在自然科学中则是（因果的或形式的）"说明"。19 世纪末，德国西南学派的康德追随者（文德尔班 [Windelband] 和李凯尔特 [Rickert]）将个体性的（idiographic）科学与律则性的（nomothetic）科学进行对比，并把这等同于人文科学与自然科学的分裂。关于个体的解释学进路集中于独特的个体及其诠释，适合于历史和人文学科，而自然科学则涉及从普遍律则推出描述。

20 世纪后期思想的发展之一就是打破这种截然的二分。随着

1　这里所涉及的是伊德著名的"人—技术"关系理论，但在表述方式上较之原版有所改动。伊德在海德格尔此在"在世存在"的基础上加入了技术的要素，发展出了"人—技术—世界"的模型，即此在并不是直接地"在世存在"，而是通过技术人工物的中介与世界打交道。伊德在《技术与生活世界》中总结了四种常见的"人—技术"关系，称之为"技术意向性"。其中最主要的是具身关系（公式为"[人—技术]—世界"）和解释学关系（公式为"人—[技术—世界]"）。本节中以仪器为例，展示了技术意向性中的解释学关系。——译者注

后实证主义科学哲学的兴起，特别是随着托马斯·库恩，还有迈克尔·波兰尼、诺伍德·汉森、斯蒂芬·图尔敏以及自 20 世纪 50 年代末和 60 年代以来的其他许多人，作为一种纯形式的演绎机器的、由普遍的形式定律给出预测的科学形象，被涉及非形式范式、默会预设、模型和依赖于语境的推理的科学形象所取代（见第 1 章）。因此，在许多科学哲学家看来，被解释学和新康德主义传统以及逻辑实证主义者当作对自然科学的准确描述的"律则"形象，已经被另一种更适合做解释学诠释并且类似于解释学诠释的科学形象所取代。

解释学将科学史和科学诠释为一种文化现象，这超越了早期解释学思想家的工作，但与他们的方法并不矛盾。然而，伊德所捍卫的对解释学的更激进的扩展乃是一种关于科学对象的解释学，而不仅仅是科学家的文化、历史和心理学。也就是说，科学本身可以被视为具有一种诠释维度，而早期的文化解释学传统对此视而不见。

正如伊德的上述第二个图式所暗示的，对仪器的"读数"，包括在理论框架内对这些读数的隐含诠释，是一种关于科学对象的解释学。

文本框 5.1　海德格尔与技术

海德格尔是 20 世纪最具影响力的哲学家之一，可能也是欧洲大陆最具影响力的哲学家。海德格尔，特别是在其后来的作品中，对技术有着核心的关注。海德格尔的学生，如汉娜·阿伦特（Hannah Arendt，1906—1675）、汉斯·约纳斯（Hans Jonas，1903—1993）和马克思主义的赫伯特·马尔库塞，都是20世纪中叶重要的技术哲学家。

早在他的第一部主要著作《存在与时间》（*Being and Time*，1927）中，海德格尔就用"上手"（ready-to-hand）和"在手"（present-to-hand）这两种存在模式来分析我们对物体的态度。上手模式是使用工具的模式，物体存在于它在我们行为中扮演的角色。这种模式类似于美国哲学中的实用主义进路。这与在手模式形成了反差，在手模式是像通常那样把物体看成被观察的实体，或认为物体独立于我们、外在于我们、与我们相对。传统哲学把所有物体都看成在手的。物体被感官（经验论者）感知为或者被理智（唯理论者）构想为与我们分离和迥异，而上手的使用对象则没有被感知为一个独立的东西，而是我们工作和行动所凭借的手段。对于正在正确使用工具的我们来说，像工具那样的上手对象是透明的。只有当它不能正常运作或出问题时，我们才会意识到它是在手的。海德格尔使用了著名的锤子的例子。当我们用锤子钉钉子时，我们的关注焦点是把钉子成功地钉进木头里。只有当锤子出问题时，我们才会把注意力集中于锤子本身，而不是集中于正常使用锤子的结果。

工具式的存在模式是海德格尔早期哲学的核心。在他后期的哲学中，技术本身成为一个反思的主题。海德格尔声称，现代技术界定了人类的现时代，就像宗教界定了中世纪世界的方向一样。现代技术与以前的手艺不同（尽管是由手艺发展而来的），因为现代技术以自身的导向"框定"（enframe）或"标记"（stamp）了每一个事物。整个自然都成了一种"持存物"（standing reserve）、一种资源特别是能源的来源。这种座架（enframing）使我们无法理解领会世界的非技术方式，也掩盖了无所不包的技术座架本身的特征。也就是说，我们如此深陷于技术的思维方式或技术态度，以致无法获得替代性的思维方式，无法获得那些古老的、前工业时代的人的思维方式。不仅如此，我们变得如此沉浸在对待世界的技术进路中，甚至不知道技术态度仅仅是许多进路中的一种，而将它等同于健全的思维或正确的思维。

对海德格尔来说，人并不掌控技术。相反，技术乃是我们这个时代人类的命运。海德格尔描述了我们目前与技术的关系，其方式与技术自主论的支持者对技术的描述相同（见第 7 章）。技术不受人的控制，要求"控制"技术只会强化技术态度，因为技术接近自然的方式就是控制自然。技术是我们这个时代的决定性因素，它阻止了任何退回到前技术社会或文化的企图。

海德格尔的确认为有可能实现一种"与技术的自由关系"。至于这种关系究竟是什么，则是有争议的。他认为有可能获得一种对技术本质的理解，这是传统哲学或基督教所无法达到的。一个人一旦把握了技术的本质，就可以使用技术而不卷入其中。

海德格尔在许多作品中都将传统手艺和农民的生活方式与现代技术社会的工作和生活进行对比，并且这些对比大大不利于后者。他以希腊神庙、银杯和传统木桥为例，将它们与现代发电厂或高速公路进行对比。海德格尔对乡村农民生活的偏爱和赞扬以及对城市的厌恶，表明他是一个反技术的浪漫主义者。似乎在农村和非技术环境中，我们才把握了事物的真正意义。但这是具有误导性的，因为他声称技术是我们这个时代的典型特征，我们不可能回到前技术的道路。在一些段落中，海德格尔声称技术人工物本身可以成为我们把握存在的契机。他用制造和使用一只水罐、一座古桥作为统一天地人神的纽带的例子。然而在某些论述中，与他通常使用的古代和农村的例子相反，他声称现代公路立交也能以这种方式充当存在方面的焦点。

德雷福斯与人工智能批判

海德格尔的美国追随者休伯特·德雷福斯（Hubert Dreyfus）在对人工智能的批判中，给出了现象学方法对技术的也许是最具影响力的应用。虽然人工智能研究领域的一些成员最初的反应非常负面，包括试图阻止他关于这个主题的一些早期著作的出版，但与许多技术哲学不同，德雷福斯的工作对许多计算机科学家从业者产生了直接影响，并使之修改了战略。

在早期的兰德公司报告《炼金术与人工智能》(*Alchemy and Artificial Intelligence*，1965)以及他的《计算机不能做什么》(*What Computers Can't Do*，1972；后来修订为《计算机仍然不能做什么》[*What Computers Still Can't Do*，1992])中，德雷福斯指出，经典的人工智能乃是基于笛卡尔和英国经验论者等现代早期哲学家对思维和意义的错误假设。德雷福斯最早写作时，人工智能的"经典"方法或说符号处理方法是唯一的方法。从那时起，随着神经网络理论的流行，符号处理的人工智能被称为"经典的"。如今，它有时被称为"出色的老式人工智能"(GOFAI, good old fashioned artificial intelligence)。经典方法认为，思维处理的是离散比特的组合，推理则是根据明确的规则对符号进行操作。德雷福斯声称，尽管符号处理方法适用于形式逻辑和数学，但对于理解自然语言等领域，经典人工智能并不能恰当地模仿感知和进行日常推理。

没有明确规则的思考和判断

根据海德格尔以及路德维希·维特根斯坦（他是大多数英美日常语言哲学的来源）的后期哲学，德雷福斯指出，不可能使思维的基本规则完全形式化或变得完全明确。在我们判断和推理能力的背后是默会的或前反思的取向。源于柏拉图的传统理性主义认为，一切推理都可以变得明确和在数学上形式化（见第 4 章）。少数哲学家反对这一传统。亚里士多德认为伦理学不可能具有数学的精确性，而伦理判断是实践智慧所必需的。布莱斯·帕斯卡（Blaise Pascal，1623—1662）是一位数学家，后来成为宗教信

徒，也是笛卡尔的敌人，他有一句名言："心灵有理性不知道的
理由。"帕斯卡对比了"几何学精神"和使用恰当的非形式直觉
的"敏感性精神"。20世纪初的法国物理学家、哲学家、历史学
家皮埃尔·迪昂同意帕斯卡的观点，声称科学的归纳和演绎方法
不足以解释在面对反证据时是应该拒绝还是应该略微修改他们的
理论（见第1章）。然而，帕斯卡和迪昂不属于主流，在过去的几
十年里，他们在这个问题上基本被忽视了（见第4章）。德雷福斯
声称，人的理性包含以一种无法完全形式化的方式将规则应用于
特定语境的能力。如果假设规则来应用这些规则，那就需要假设
更多的规则来应用这些规则，从而进入无限后退。匈牙利裔英籍
化学家、社会理论家和哲学家迈克尔·波兰尼所谓的"默会知识"
（Polanyi，1958），或美国实用主义者约翰·杜威所谓的"思想语
境"（Dewey，1931），必定与人的判断有关。

整体论、意识场、格式塔和视域

胡塞尔等现象学家追随所谓的格式塔心理学家，声称知觉经
验是通过图形背景关系（格式塔是一种有组织的图形或形状）构建
的。我们在背景中经验某个被界定的物体、形状或图形。这个背
景常常出于有意识的注意或（用迈克尔·波兰尼的术语来说）"默
会"，它构造了我们对占据我们"焦点"意识的图形的知觉。在
胡塞尔看来，我们的知觉和认知具有"视域"。知觉中存在着无
定限距离的"外视域"，认知中也存在着某种操作的无定限重复，
还存在着我们焦点物的非聚焦方面的"内视域"。意识并不只是
显示同样明确的特征和事实，而是具有一种整体结构（见第1章
和第11章对整体论的讨论）。

意识场及其外视域和内视域，以及它的内部结构和组织，并

不仅仅是比特或原子式的感觉材料的集合，而是一个整体的东西。在其中，背景构造和定位了处于关注中心的图形，而知觉的无定限扩展的不断模糊的视域，或者观念规则的不断重复，则是经验本身的一部分。因此，现象学所描述的意识不同于传统人工智能或者英国经验论传统所描述的意识或知觉。甚至连奥地利逻辑实证主义学者鲁道夫·卡尔纳普在他最早的重要著作《世界的逻辑构造》(*The Logical Construction of the World*，1928)中，也把他的构造建立在格式塔知觉的基础上，而不是基于休谟的印象、恩斯特·马赫(Ernst Mach，1838—1916)的要素或伯特兰·罗素的感觉材料。然而，英美实证主义的发展抛弃了早期卡尔纳普的这个方面。

具身思想与活的身体

根据德雷福斯的说法，思想和意图假设了一个身体，不是物理学和化学所描述的机械物体，而是追随和发展胡塞尔后期思想的莫里斯·梅洛-庞蒂意义上的"活的身体"。"活的身体"不同于作为精神或心灵实体的纯粹心灵，也不同于作为物理学的机械物体的身体。活的身体是"从内部"经验的，是我们朝向世界和物体的一个内在部分。它不同于生物学和医学"从外部"研究的、我们所面对的外在身体。笛卡尔在 17 世纪提出了心灵 / 身体二元论，他认为身体是一种机械装置，而心灵是一种本质上不同于身体的纯精神实体。活的身体不属于笛卡尔二分的任何一方。德雷福斯声称，传统人工智能的理智主义和与之相关的一些哲学认为，思想可以通过一种没有身体的思维装置来完成。在德雷福斯的论述中，人类的感知过程是一个有组织的整体，是一种身体实践和技能习得。[1]比如在听觉过程中身体的时间节奏与对旋律的识别的关系，以及在视觉过程中身体与所涉及的周围环境的协调（比如眼睛运动），都是这方面的例子。

结果是，我们通过我们的具身而使自己朝向物体或经验。我们的身体倾向及其行为倾向组织了我们的经验。同样，我们的情绪、态度和目标构造了我们的经验。经典人工智能的问题暗中假设，知觉和思维仅仅是按照明确的规则来操作或处理的一连串离散性质、对象的属性或特征，以及事实。

神经网络还是连接主义来拯救？

人工智能界有不少人认为，20世纪80年代神经网络理论或连接主义的复兴是对经典的或符号处理的人工智能所遇到问题的解决方案。

早在20世纪五六十年代初，用神经网络或连接主义来模仿感知是一个相当活跃的领域，阿图罗·罗森布拉特（Arturo Rosenblatt）的感知器便是例证。据称，马文·明斯基和西摩·佩珀特（Marvin Minsky and Seymour Papert，1969）证明了神经网络的工作不可能超出某种层次的复杂性，这打击了人们的兴趣，直到符号处理人工智能的问题使连接主义得以复兴。

连接主义并不涉及将思维当作表征来建模。顾名思义，启发神经网络的是在某种程度上模仿大脑神经系统，而不是模仿理性主义–演绎的思维模型。被称为感知器的设备试图模仿视网膜和大

1　这里涉及德雷福斯著名的技能习得理论，德雷福斯在梅洛-庞蒂身体现象学的基础上，划分了人在习得技能过程中的五个阶段，分别是新手（Novice）、高级初学者（Advanced Beginner）、胜任（Competent）、精通（Proficient）、专家（Expert）。——译者注

脑的功能，具有从电子传感器到记录和存储设备的一组连接。感知器随机地形成连接，训练的成功会使这些连接得到加强。德雷福斯对神经网络的这个方面表示赞同。他非常支持神经网络的建模，尽管这涉及将思维理解成信息处理，而他对此持批评态度。

神经网络和连接主义在感知识别方面已经相当成功，而在演绎推理方面却远没有那么成功。演绎推理是符号处理人工智能的强项，但符号处理人工智能在感知识别和相关任务方面相当薄弱。德雷福斯指出，神经网络所接受的训练通常高度集中于人类训练者对相关属性的选择。有时候，当人工智能遇到一组没有预先选择的属性来进行训练时，神经网络就会通过使用在训练的特定示例中碰巧起作用的琐碎和无关的属性来"学习"解决被识别出的问题。

"海德格尔式人工智能"

德雷福斯对人工智能研究的批评对人工智能领域的一些项目和研究者产生了切实影响。对于德雷福斯最初揭穿的失败的人工智能预测，虽然麻省理工学院和匹兹堡大学起初的反应极为负面，但近几十年来，一些研究者一直在从事"海德格尔式人工智能"。特里·威诺格拉德和费尔南多·弗洛雷斯（Terry Winograd and Fernando Flores，1986）提出了一种重视海德格尔现象学和解释学的人工智能方法。菲尔·阿格雷和大卫·查普曼（Phil Agre and David Chapman，1991；Phil Agre，1997）在其交互式编程中也将海德格尔的见解融入日常应对和世界导向中。

文本框 5.2   神经网络理论的盘根错节：哲学的和心理学的

　　神经网络的基本观念从 20 世纪 40 年代末就出现了。早期神经网络的神经生理学模型是由心理学家唐纳德·赫布（Donald O. Hebb, 1949）提出的。赫布将大脑中的"反响回路"称为解释思维的基础。主张自由市场的奥地利保守主义经济学家—哲学家弗里德里希·哈耶克（Friedrich Hayek, 1952）对赫布的工作有一个不太为人所知的哲学概括。哈耶克试图通过将现象的感觉性质归结为一个关系系统，而不是沿着马赫和卡尔纳普的思路来消除它们（见第 1 章）。哈耶克认为心灵没有一个核心的组织原则，而是由相互竞争的神经元所组成，就像亚当·斯密所说的市场这只"看不见的手"从个体竞争中出现（Smith, 1776）。

　　沃伦·麦卡洛克（Warren S. McCulloch）和沃尔特·皮茨（Walter H. Pitts）提出了神经网络的逻辑理论。有趣的是，对于哲学家来说，也许在认知科学家看来也是令人惊讶的，麦卡洛克竟然是中世纪经院哲学家约翰·邓斯·司各脱（John Duns Scotus）的追随者（McCulloch, 1961, pp.5-7）。邓斯·司各脱关于共相的实在论被美国实用主义哲学家查尔斯·皮尔士（Charles S. Peirce, 1839 —1914）所追随。（在 20 世纪哲学的一个鲜为人知的插曲中，德国解释现象学家海德格尔

［Heidegger，1916］和符号逻辑的先驱者皮尔士［Peirce，1869］，早期都受到了据称为邓斯·司各脱所作的一部关于"思辨语法"的著作的影响［Bursill-Hall，1972］。邓斯·司各脱在 17 世纪的追随者的经院哲学受到培根等现代早期哲学家的极力拒斥和嘲讽，以至于我们的"傻瓜"［dunce］一词便是源于"邓斯"［Duns］，但他的观点潜藏在 20 世纪语言哲学的两大分支背后。）皮茨是麦卡洛克的数学助理，12 岁时因为躲避霸凌而跑进了一所图书馆。在他的藏身之处旁边放着伯特兰·罗素从逻辑中推导出数学的三卷《数学原理》（*Principia Mathematica*），皮茨三天就读完了这本书。他写信给远在英国的罗素，提出了批评和修改建议。据说皮茨后来碰巧在芝加哥的一座公园中遇到了罗素（在那里，他最初把当时看起来衣着有些破烂的罗素当成了一个路人），并且在芝加哥参加了罗素的讲座。罗素向芝加哥大学的维也纳学派逻辑实证主义学者鲁道夫·卡尔纳普推荐了皮茨。皮茨随后去了麻省理工学院，与昔日神童诺伯特·维纳（Norbert Wiener，1894—1964）合作，研究控制论中的反馈（Heims，1980）。他还与杰罗姆·莱特文（Jerome Lettvin）进行合作，后者曾与皮茨和麦卡洛克合写过许多文章，其中包括一篇关于青蛙视觉系统的出色分析（Lettvin et al.，1959）。

结　语

这些例子特别是唐·伊德和德雷福斯的工作表明，技术的现象学和解释学进路对于描述和理解技术实践，甚至对于技术本身的改进都有很大贡献。

研究问题

1. 你认为描述我们的感知和直觉是理解技术的有效方式吗？它足够吗？如果不够，还需要什么？你认为逻辑的证明和论证是更好还是更坏的方法？两者应该相互补充吗？
2. 你认为科学仪器是人体感知的延伸吗？仪器观察是否被纳入了我们的身体经验？
3. 当我们读取科学仪器的表盘时，我们实际上是在"读自然"，还是我们读表盘的行为与自然是分离的？
4. 你认为数字计算机能够感知并且是有意识的吗？计算机需要一个身体来感知吗？
5. 德雷福斯对人工智能项目成功前景的否认是否被神经网络理论的发展所驳斥？
6. 你认为我们可以像海德格尔所说的那样实现一种"与技术的自由关系"吗？那会是什么样子？

第 6 章

技术决定论

技术决定论声称，技术导致或决定了社会和文化其余部分的结构。技术自主论则声称，技术不受人类的控制，它以自己的逻辑发展。这两个论题是相关的。技术自主论通常预设了技术决定论。如果技术决定了文化的其余部分，那么文化和社会就不能影响技术的方向。从表面上看，技术决定论并不预设技术自主论。事实可能是，自由的、有创造性的发明者设计了技术，但这种技术决定了社会和文化的其余部分。这将使发明者脱离决定论系统成为自由行动者。然而，如果像罗伯特·海尔布隆纳（Robert Heilbroner）在捍卫技术决定论时所声称的那样，科学有自己的逻辑，而技术是应用科学，那么发明者就不能自由地发展他们认为合适的技术，我们又回到了技术自主论。

技术决定论认为，随着技术的发展和变化，社会其他部分的制度也会发生变化，社会的艺术和宗教也会发生变化。例如，计算机改变了工作的性质，电话导致了写信的减少，而互联网又改变了人际交往的性质，留下了不同于电话的书面记录。汽车影响了人口的分布，导致人们从城市向郊区迁移，使中心城市陷入贫困。20 世纪二三十年代的汽车甚至因为室外隐私的获得而改变了年轻人的性习惯。一位少年法庭的法官把汽车称为"轮子上的妓院"，美国联邦调查局局长埃德加·胡佛称早期的汽车旅馆"无异于伪装的妓院"（Jeansonne，1974，p.19）。

一套关于早期历史的技术决定论主张涉及封建主义的兴衰，即中世纪的社会制度。马镫从中亚引入欧洲，使全副武装的骑士成为可能。如果没有马镫，冲锋的战士就会因其长矛击中对手造成的冲击力从马上摔下来。对（花时间参加军事训练的）骑士的资助、马匹、日益精致的盔甲以及骑士的聘用定金都很昂贵。农民提供一部分农产品以换取保护的封建制度支持了骑士马匹和盔甲的费用（White，1962）。封建骑士进一步发展了骑士精神和宫廷爱情的伦理。据说由于后来引入了另一种亚洲技术，即来自中国的火药，整个军事、经济和文化系统崩溃了。全副武装的骑士在枪声中倒下，城堡成为大炮轰击的牺牲品。（不用说，许多历史学家都对这种朴素的技术决定论描述的细节提出了批评。）

我认为，运用技术决定论和文化决定论应当就事论事。在某些情况下，技术的专业和物理方面传播了文化的重大变化；在另一些情况下，社会的文化价值取向驱动和选择了技术的发展。在大多数情况下，从技术到文化以及从文化到技术都存在着难解难分的反馈。

决定论的定义可以变得非常技术性，但我们可以从普遍因果性这个概念开始。这个原则是"任何事件都有一个原因"，或者任何事件都是某个原因或某一组原因的结果。决定论还涉及"同因同果"的观念，也就是说，不仅任何事件都有原因，而且因果关系还有一种合乎法则的规律性。决定论涉及可预测性，但并不等同于可预测性。例如，出于偶然或凭借某种神圣的预言洞见，一个人也许能够通过了解未来而预言所发生的事情，但并不存在决定论（因此，一些哲学家将预测定义为涉及一种理论，以将它区别于预言）。然而，如果存在决定论，那么它在过去被认为遵循着原则上的可预测性。也就是说，如果存在一种因果关联，那么科学可以通过描述这种关联来预测结果。不幸的是，最近的混沌理论似乎使决定论与可预测性分离开来，但这在部分程度上取决于"原则上"的可预测性是什么意思（见文本框 6.1）。此外，许多人声称，人的自由这一概念是为了限制人类行为方面的物理决定论（见文本框 6.2）。

更一般的决定论概念还存在着子集。关于人生中重要的因果要素的各种更具体的主张都被称为决定论，尽管它们的支持者往往并不坚持普遍决定论这一极端形式。技术决定论是一种决定论。

另一种决定论是基因决定论或生物决定论。它声称，我们的本质完全由我们的基因构成决定。沃尔特·吉尔伯特（Walter Gilbert）试图为人类基因组申请专利，并将人类基因组测序称为"圣杯"。他自称可以将人的本质（人的基因序列）保存在 CD-ROM 上，并说"这里是一个人，这是我！"（Gilbert，1996，p.96）刘易斯·沃尔珀特（Lewis Wolpert，1994）声称，我们可以从胚胎的 DNA 代码"计算胚胎"，尽管其他生物学家否认这是可能的。理查德·道金斯（Richard Dawkins）在他的《自私的基因》（The Selfish Gene，1976）中声称，我们都是"机器人载体，它们被盲目编程，以保存被称为基因的自私分子"。这种极端的基因决定论常被用来证明生物技术的重要性，声称我们将能通过基因工程完全控制动植物以及我们自己的特征。

行为主义心理学最初形式的环境决定论则声称，环境输入决定了个体的所有特征。行为主义的创始人约翰·沃森（后来成为智威汤逊广告公司的副总裁）声称：

> 给我十几个健康而没有缺陷的婴儿，让我在我的特定世界里抚养他们，那么我可以保证，我随便拿出一个来，都能把他训练成为我所选择的任何一种专家——医生、律师、艺术家、商界首领，甚至变成乞丐和小偷，不论他的天赋、嗜好、倾向、才能、职业和种族是怎样的。（Watson，1926，p.65）

40 年后，行为学家斯金纳在他的《瓦尔登湖第二》（*Walden II*，1966）中描绘了一个乌托邦社会，在这个社会中，心理学家使居民完全习惯于做好事，所有居民都非常幸福。几年后，在他的《超越自由和尊严》（*Beyond Freedom and Dignity*，1971）中，他将行为的决定论条件与自由、尊严和自主进行了对比，并将它们斥为错误和过时的概念（见文本框 6.2）。

生物决定论者有时会说，我们是由基因控制的隆隆移动的机器人（lumbering robots）。斯金纳等环境决定论者声称，我们是被我们的环境输入控制的。技术决定论者和经济决定论者则声称，技术或经济制度决定了艺术和宗教等政治文化现象。

一些技术理论家，比如第一个以大学为基础的技术和社会项目的创始人伊曼纽尔·梅塞纳（Emmaneul Mesthene）和经济学家罗伯特·海尔布隆纳，使用了"软决定论"一词。与之相对的则是"硬决定论"。"软决定论"最初是哲学家和心理学家威廉·詹姆士于 1900 年提出来的，他所谓的"软决定论"是指相容论（见文本框 6.2）。（詹姆士所说的"硬决定论"是指一种排除了自由的决定论。）但海尔布隆纳和梅塞纳用它来指某种更像统计决定论的东西——存在着自由，但也存在着更大的统计趋势。法国社会学家埃米尔·涂尔干（Emile Durkheim，1858—1917）在他的《自杀论》（*Suicide*，1897）一书中用这种概念来声称，即使我们无法预测某个人是否会自杀，也存在着关于自杀率的社会规律。自杀的天主教徒少于新教徒，自杀的农民少于城市居民。

文本框 6.1　拉普拉斯决定论及其限度

决定论的一种极端形式是拉普拉斯决定论，之所以这样命名，是因为物理学家皮埃尔·西蒙·德·拉普拉斯（Pierre Simon de Laplace）在其《关于概率的哲学论文》（*A Philosophical Essay on Probabilities*，1813）中表述了它。拉普拉斯认为，概率只是对我们的无知的一个量度，每一个事件都被精确地、因果地决定。他设想有一个巨大的精灵能够知道宇宙中每一个粒子的位置和运动状态，并且执行非常复杂的长时间的计算。因此，根据拉普拉斯的说法，这个精灵能够预测未来的每一个事件，包括所有人类行为和社会变迁（假设人的行为是物理上引起的）。拉普拉斯的精灵可以预测你明天早上或 20 年后会做什么。上帝就是这样一个精灵，但具有讽刺意味的是，拉普拉斯本人是一个无神论者。当拿破仑问为什么上帝没有出现在他的天体力学中时，拉普拉斯说："我不需要这个假设。"拉普拉斯自认为已经证明了太阳系的稳定性，但他并没有（Hanson，1964）。由于牛顿让上帝偶尔奇迹般地干预以重新调整行星，拉普拉斯的所谓证明就成了他告诉拿破仑的那句传奇评论的基础，即他的天体力学中不需要上帝。

力学中一个尚未解决的重大问题，是找到关于三个或更多任意质量的物体在任意初始位置通过引力彼此吸引这个问题的一般解。精确地计算和预测行星相对于太阳的运动（包括行星之间较弱的吸引）就是这个问题的一个例子和动机。19 世纪末，瑞典和挪威国王奥斯卡二世（Oscar Ⅱ）对太阳系解体的可能性感到不安。在感兴趣的数学家的怂恿下，他于 1889 年设立了一个关于稳定性证明的奖项，将在他生日当天颁发（Diacu and Holmes, 1996, pp.23-27）。法国数学家和物理学家昂利·庞加莱（Henri Poincaré, 1854—1912）在研究这个关于行星长期轨道的多体问题时，创建了现在所谓的混沌理论的各个方面。他表明，太阳系可能是稳定的，但稳定轨道与不稳定轨道以一种无限复杂的编织模式无限接近地交织在一起。混沌系统是决定论的，但不可预测。它们可以而且确实出现在经典力学中，并且独立于海森伯（Heisenberg）的思考（见下文）。它们主要是由非线性方程（含有变量的平方、幂或高阶导数的方程）引起的，这些方程产生了"对初始条件的敏感依赖"。

在普通的线性系统中，物体初始位置的轻微移动会导致最终位置的轻微移动。然而在混沌系统中，初始条件的无穷小变化会使结果发生巨大的变化。牛顿的运动定律就是用非线性方程表示的。由于我们无法无限精确地而只能有限精确地进行测量（即使我们忘记海森伯原理，只坚持牛顿定律，也是如此），所以即使数学是决定论的，我们也无法预测混沌系统。

在"科学大战"（见第1章）和浪漫主义时代对机械论的反驳（即使有其他方面的道理，见第11章）中，一个常见的错误是，他们认为牛顿定律是过时的，"线性"是无聊的，所以牛顿的方程是线性的。具有讽刺意味的是，新的、更令人兴奋的量子力学才是线性的（叠加原理），而旧的、被认为不那么令人兴奋的牛顿力学是非线性的。

对于拉普拉斯决定论来说，更严重的问题出现在亚原子物理学中。根据海森伯的不确定性原理，原则上不可能同时精确测量一个亚原子粒子的位置和动量（Heisenberg, 1958）。其他变量对，比如能量和一个过程的时间间隔，以及围绕不同轴的粒子自旋，也服从这种关系。不确定性原理的数学内置于量子力学的定律中，量子力学是我们关于物质结构所拥有的最好的理论。根据海森伯原理，即使是拉普拉斯的精灵也不可能同时知道一个粒子的位置和运动，更不用说所有粒子了。这并不是我们测量不准确的问题，而是内置于理论方程中的。算符的乘积值依相乘的顺序而有所不同（用数学术语来说，它们是非交换的）。算符 AB 与 BA 之差等于精度的极限，该极限与物理学的一个基本常数（普朗克常数）有关。虽然有原子层次的海森伯不确定性，但我们在许多系统中都可以有统计上的决定论，在这些系统中我们无法精确预测，但可以在误差范围内预测。令人惊讶的是，十几岁的海森伯最初是从柏拉图的著作中了解到原子的几何结构的，然后他对化学教科书中结构玩具模型的粗糙唯物论感到失望。他反对唯物论的部分原因在于，他当时正在为自己的实验室辩护而反对马克思主义革命者，为了放松自己，他于午餐时间在军校屋顶上阅读柏拉图用希腊文写成的宇宙创造理论（Heisenberg，1971，pp.7-8）。海森伯后来声称受到了柏拉图"容器"（receptacle）概念的激励，当完美的形式塑造空间中的实际物体时，这一空间本原会导致模糊或不精确。尽管海森伯早期对柏拉图的形而上学很感兴趣，但在首次提出量子力学的数学框架时，他是以一种严格工具论的实证主义方式来理解这种框架的。他声称，数学仅仅是做出预测的工具，而不是现实的图景（见第1章）。后来，海森伯通过亚里士多德关于潜能与现实的理论理解了他自己的理论。对海森伯来说，抽象的数学状态是客观的，但在自然之中是潜在的，而物理观察是主观的，但在自然之中是实际的，这颠覆了通常的现实概念。

许多人认为，个体行为中存在随机性（也许是由于自由意志），但在社会学等社会科学中，人口的统计规律性是正确的。在试图严格数学化时，社会科学在实践中经常使用统计学。拉普拉斯决定论会认为，概率只是源于我们的无知和确切知识的缺乏。混沌理论和量子力学的不确定性表明，对于由许多粒子组成的复杂系统，比如一个人或一个社会，这种统计方法可能是必需的，即使原则上不能用精确的方法来代替。社会科学中的统计决定论概念，即伊曼纽尔·梅塞纳和海尔布隆纳所谓的"软决定论"，有时被认为与这种情况类似。

虽然海森伯原理适用于亚原子层次，但其运作的影响通常微乎其微，以至于在更大的多粒子系统中并不明显。但在一些重要的地方，有人认为亚原子的不确定性可能会被"放大"，从而对宏观层次产生影响，其中包括与控制生物遗传的遗传物质的微小变化（单个原子键的变化）有关的某些生物突变（Stamos，2001）。另一个更具推测性的例子是大脑神经元中个别微小树突或纤维的放电，在这种情况下，化学变化的规模足够小，海森伯原理是可以应用的（Eccles，1953，Ch.8）。最近，物理学家罗杰·彭罗斯（Roger Penrose，1994，Ch.7）提出，大脑微管中量子波函数的塌缩导致了思维的非机械方面。

因此在物理学中，决定论至少从两个方向受到挑战。混沌理论表明，甚至连牛顿力学理论中的决定论的数学也会产生不可能做出实际预测的情况。量子力学则对普遍决定论提出了一种原则上更强的反驳，因为非决定论内置于该理论的数学核心。自由意志是一个比决定论更古老、更具体的人类问题（见文本框 6.2）。

文本框 6.2　自由与决定论

　　无论认为人类陷入了一个控制其行为的决定论的技术系统，还是认为人类自由地构建了他们的技术和社会，都会在自由与决定论问题上假定隐含的立场。

　　自由与决定论是传统的哲学问题之一。在中世纪，这种冲突是联系上帝的观念而加以表述的，上帝是全能和全知的，可以预见和控制一切，但却让亚当犯有罪恶。如果上帝在亚当和夏娃受造时知道他们会堕落，他们还会获得真的自由吗？预定论（关于上帝在创世时预先决定了谁会得救或入地狱受罚的教义）也与自由相冲突。圣奥古斯丁（Saint Augustinus，354—430）和数学家、哲学家戈特弗里德·莱布尼茨等人声称已经调和了这些冲突。随着科学定律和决定论思想的兴起，与自由的冲突出现了新的形式。如果我们所做的一切都是由物理原因决定的，我们可能是自由的吗？（见文本框 6.1 中对拉普拉斯决定论的讨论。）在这场争论中，决定论者说不可能，而相信形而上学上的自由意志的所谓自由意志论者（不同于支持最小政府的政治自由主义者）则说可能，我们真是自由的。这里的自由有两种含义：一种是反因果的含义，它与决定论相冲突。在这种自由的含义上，自由意志的行为将会对抗物理原因。也就是说，自由意志的行为被认为以某种方式打破或违背了物理、因果决定论的链条。另一种是自由作为责任的含义，它并不必然与物理决定论相冲突。

相容论者试图调和自由与决定论。实现这一目标的一个办法是宣称，即使我们是被决定的，我们也要对自己的行为负责。人们可以力图声称，责任与反因果意义上的自由无关。宣称自由与决定论相容的另一种方式是，在某种意义上，自由行为仅仅是由我们发出的行为。尽管所有行为最终都是被决定的，但我们可以区分在某种意义上由我们发出的行为，以及由外部的物理原因（比如被从屋顶吹落，砸在某人身上）或受人的胁迫（比如被枪口对准）所产生的行为。约翰·洛克和约翰·斯图亚特·密尔等英国经验论哲学家都以各种形式采用了这种进路。结合自由与决定论的另一种方式是声称物理世界是完全决定论的，而心灵或灵魂则是另一种非物质的东西，是自由的。这就是 17 世纪哲学家、数学家勒内·笛卡尔的二元论。这是一种实体二元论，因为笛卡尔声称存在两种实体，即物质实体和心灵实体。也就是说，物质与心灵是迥然不同的。由此产生的问题是：如果这些实体在本质上如此不同，那么一种实体如何影响另一种实体，非物质的心灵如何影响身体呢？这就是所谓的心—身问题。

由于其中包含的困难，今天很少有哲学家持有这种笛卡尔式的二元论或因果互动论。然而，20 世纪末一些荣获诺贝尔奖的脑科学家，包括查尔斯·谢林顿爵士（Sir Charles Sherrington，1857—1952）、澳大利亚的约翰·埃克尔斯爵士（Sir John Eccles，1903—1997）、加拿大的怀尔德·彭菲尔德（Wilder Penfield，1891—1976）和美国的理查德·斯佩里（Richard Sperry，1913—1994），都持有这种立场。他们的二元论不能被驳斥为基于对脑科学的无知，因为他们都是脑科学的领导者。这种二元论源于经验意识如何与物理大脑相关联的奥秘。（和天体物理学家阿瑟·爱丁顿爵士［Sir Arthur Eddington，1934，pp.88–89、302–303］一样，约翰·埃克尔斯爵士关注量子不确定性对脑细胞的影响。然而，即使这可能产生随机行为，我们也并不必然认为它们是自由选择的行为。）

　　另一种不那么成问题的方式是通过双重立场理论来调和自由与决定论，这是18世纪德国哲学家康德提出的解决方案。康德声称，每个人都有一种无限价值的尊严。康德相信我们是真正自由的。他还声称世界是完全决定论的。从知识和科学的角度来看，我们通过决定论的法则来构造世界，而且只能用这些法则来理解世界。我们寻找法则，并且用因果律来看待事物。然而，从道德的角度来看，我们认为自己是自由的。道德行为是以我们为自己自由订立的一种道德法则为基础的。按照道德法则行事，我们可以自由选择。因此，康德是通过一种立场或观点的二元论，而不是通过灵魂与身体的二元论来调和自由与决定论。也就是说，我们既可以从科学和因果律的立场来描述人的行为，也可以从我们行为的道德责任的角度来描述人的行为。这两种方法互不相同但并不冲突，它们相互适用。在

20 世纪，基于语言的不同使用，自由与决定论的这种和解已经有了变化。其中一种进路将行为的原则性的理性理由与行为的原因区分开来，声称人的理由的语言与物理原因的语言是相当不同的。另一些哲学家不同意这一点，声称理由确实起到了行动原因的作用，从而破坏了调和自由与决定论的两种语言进路。

　　决定论与自由的冲突是自罗马帝国基督教作家以来的重大哲学问题之一。自然法则概念的发展将问题置于一个新的框架内，但并没有消除大多数传统议题。自由与决定论的互动发生在社会内部和整个技术史中。有的人试图用一种"软决定论"来调和相互竞争的主张；有的人则在社会建构论中找到了他们对行为主体完全自由的描述；另一些人由于事件对被动主体的影响，在某些形式的结构主义中消除了自由的作用；还有一些人则声称通过完全消除这个主题来解决这一困境，就像在后现代主义的某些形式中那样。关于自由与决定论的各种立场是在关于技术社会中人的本质的争论这一背景下提出的。

马克思和海尔布隆纳论技术决定论

　　在《政治经济学批判》（*A Contribution to a Critique of Political Economy*，1859）前言中，卡尔·马克思用一小段话对他的社会变迁理论做了最为简短和清晰的总结。马克思可能已经使它变得非常中立和客观以应付审查。与经过 70 年才重见天日的马克思早期关于异化的人文讨论不同，这段话很快就发表了，并且为社会主义者和共产主义者所熟知。它对后来的社会主义和共产主义运动影响很大，不仅影响了马克思主义者后来的技术决定论，也影响了 20 世纪新保守主义的技治主义者的技术决定论（见第 3 章）。

马克思用建筑或土木工程中的一个隐喻区分了基础与上层建筑。这里的基础是比当代微观经济含义更广的制度意义上的经济，包括两个主要组成部分。首先是生产力，包括能源、人力和技术，对马克思社会理论这个部分的强调使技术决定论有了合法地位。其次，经济基础还包括生产关系，生产关系是生产中的权力关系，比如奴隶社会中的奴隶主与奴隶，封建社会中的地主与农民，资本主义社会中的资本家与工人。

经济基础决定了上层建筑，上层建筑包括法律关系（将生产关系编成法典）、政治，以及宗教、哲学和艺术等更具观念性的领域。马克思声称，一个社会的宗教和哲学是由经济基础、生产力和生产关系决定的。请注意，科学在这方面的地位是模糊不清的，它"似乎漂浮在基础与上层建筑之间"（Mills，1962，p.105）。经由技术，科学成为一种生产力。科学既受关于实在本性的形而上学理论和方法论的影响，又受社会世界观的影响，同哲学和宗教一样是一种思想上的意识形态。

社会变革之所以发生，是因为基础比上层建筑变化得更快。社会学家威廉·奥格本（William F. Ogburn，1886—1959）后来称之为"文化滞后"（Ogburn，1922，p.196）。政治和宗教等上层建筑变得对经济基础来说功能失调。例如 18 世纪的法国存在着一种日益增长的资本主义的工厂技术，贵族和教士统治着这个国家，同时一个新的资本家阶层正在壮大，但并非政府的一部分。法律是中世纪的，而资本主义的财产正在增长。最终，整个上层建筑倒塌和重组以适应基础。

马克思用这个方案来解释 1789—1815 年的法国大革命。他区分了实际的经济力量与人们用来战胜冲突的宗教和政治的理想。法国革命者认为他们正在复兴罗马共和国和罗马帝国。17 世纪 40 年代清教革命时期的英国清教徒认为他们正在复兴《圣经·旧约》中的社会。法国和英国的革命者最终都在背地里创造了资本主义（Marx，1852，pp.5-17）。这就是马克思所说的意识形态。在他看来，为统治阶级服务的乃是政治、宗教和哲学上的虚假意识。对生产力（能源）的强调导致了苏联版本的马克思主义所支持的那种技术决定论，而对生产关系的强调，即主张阶级权力关系决定了技术的使用，则得到了中国马克思主义和 20 世纪后期许多非共产主义的马克思主义作家的支持。

罗伯特·海尔布隆纳是美国制度经济学家，他写了那部非常流行的经济思想史著作《俗世哲学家》（*The Worldly Philosophers*，1952）。在其《机器创造历史吗？》一文的开篇，海尔布隆纳便引用了马克思的话："手推磨产生的是封建主的社会，蒸汽磨产生的是工业资本家的社会。"（Heilbroner，1967，p.335）海尔布隆纳指出，累积的和线性的科学模型以及作为应用科学的技术模型支持了技术决定论的思想。也就是说，如果科学有一条必然的路径，而技术是对这种科学的直接应用，那么技术的发展就有一条线性的路径。技术的方向不受其他文化因素的影响。

海尔布隆纳引用了罗伯特·默顿的说法，后者总结了同时或多重发现的频率。所谓同时或多重发现，是指几个人同时做出的独立发现。例子包括：牛顿和莱布尼茨都发现了变化率的数学（微分和积分）；达尔文和华莱士都发现了自然选择；大约六个人独立地偶然发现了能量守恒原理。这种同时发现的频率表明，科学并不仅仅是天才的偶然产物，而是思想的有序发展。（当然，支持文化决定科学的人可以声称，共同的社会状况是多重发现的原因，比如达尔文和华莱士都读过马尔萨斯关于人口的书，都以资本主义竞争作为生物学的模型。）海尔布隆纳考察了"超前于时代的发明"，例如埃及亚历山大里亚的古希腊蒸汽机，还有巴贝奇（Babbage）在19世纪30年代的英国设计的一种以大型齿轮为元件的可编程单板计算机，其基本结构相当于现代计算机。技术决定论对此的解释是，冶金术制造不出能够抵抗强大压力的铁来建造大型蒸汽机。（尽管海尔布隆纳没有注意到，但一个类似的解释部分说明了巴贝奇的计算机为什么没有出现：金属加工还不足以制造出足够精确的齿轮，使巴贝奇难以避免模拟误差的倍增。）马克思主义的"生产关系"解释则可能是，希腊奴隶主并不希望他们划桨的奴隶被蒸汽船取代，也不希望采矿的奴隶被蒸汽泵取代。机器将使大多数奴隶成为多余，从而使奴隶主目前的财产成为多余。这假设了奴隶主没有足够的远见卓识，无法设想自己变成资本家，成为机器的拥有者，并且为了获得机器资本而放弃大部分奴隶财产。

现代西方技治主义者和后工业社会理论家反对马克思关于社会主义和共产主义将会取代资本主义的主张，但他们的确坚持上述那种技术决定论。他们声称，由于电子通信技术的发展，社会正从以制造业为中心的工业社会发展成以信息和服务为中心的后工业社会。这种转变类似于之前农业社会被工业社会取代。技术的变化带来了工作和社会政治的变化。对于技治主义者来说，后工业社会将权力从传统资本家转移到技治主义者。这一理论的不同版本声称，资本家被控制行业的管理者取代，或者/以及在政府中，政客将权力让予包括技术专家和社会科学家在内的技治主义者，后者为政客的行动和选择提供信息。

信息的形式：传播版的技术决定论

在关于当代社会的技术决定论描述中，以信息社会、服务经济、后工业社会和"第二次工业革命"为特征的现代技治主义者和理论家强调的是信息而不是能量（见第 3 章）。马歇尔·麦克卢汉（Marshall McLuhan）最著名的口号是"媒介即信息"，他提出了一种关于传播媒介及其对人类意识和文化的影响的理论。

麦克卢汉的论述在一个方面类似于马克思广义的历史顺序方案，它包含社会的早期集体阶段（在马克思那里是原始共产主义，在麦克卢汉那里是口头社会）、后来的异化阶段（在马克思那里是资本主义，在麦克卢汉那里是印刷文化），以及再次回到幸福的集体阶段（在马克思那里是共产主义，在麦克卢汉那里是以电视为中心的社会）（Quinton，1967）。麦克卢汉和马克思的方案都类似于《圣经》中说的：伊甸园（里的人），最初清白无罪，然后堕入罪恶和被驱逐，而最终得救。

在古代社会或不开化的社会中，传播是口头的。每一件事都必须记住并通过口头传下去。吟诵、诗歌、歌曲和节奏有助于人们记住长篇史诗或宗谱。吟游诗人被当地公众簇拥着吟诵。随着文字的出现，这不再是必要的。文字是视觉的，而不是口头的。阅读是私人的，而不像当众吟诵一样是公共的。文字将作者的个人存在与作品分离开来。作者和读者是彼此分开的，而不像口述者和公众。

尽管作者与实体印刷作品相分离，但印刷使作者变得重要起来。在口头传统中，尽管吟游诗人受到极大的尊重，但吟游诗人并非故事的来源（即使好的吟游诗人对故事做了大量阐述和改进），故事被视为一种传统神话。然而对于印刷品来说，作者一般被视为文本的来源。

工程图和解剖图可以在印刷品中准确地再现。多个副本和价格低廉的印刷使知识可以在修道院或城堡之外获得。《圣经》的印刷导致了宗教改革，因为教士不再垄断文本或诠释。

麦克卢汉的论述并不是唯一的。历史学、古典学和修辞学的一些学者对口头文化与书面文化进行了对比。传播理论家翁（Ong，1958）和古典学家哈夫洛克（Havelock，1963）也提出了类似的想法，但没有麦克卢汉影响广泛和普及。麦克卢汉拓展了传播媒介的一系列对比，把 20 世纪的电视包括了进来。

麦克卢汉认为，新的电子媒体再次改变了人类的经验和文化。奇怪的是，他把无线电广播称为"热"媒介或情感媒介。无线电广播恢复了在印刷品中被消除的说话者的声音和个性。（麦克卢汉的书刚刚问世时，许多评论家都拒绝接受他把无线电广播当成"热"媒介，但被称为"憎恨电台"［hate radio］的愤怒的政治脱口秀主持人和愤怒听众的进一步的表现，以及试图自由地模仿"美国航空电台"［Air America］上的这种谈话，都暗示麦克卢汉似乎说对了什么。）电视带来了视觉环境和体验，麦克卢汉声称这使电视成为一种"冷"媒介。电视使人变得更加原始，变成了麦克卢汉所说的"地球村"。在麦克卢汉看来，虽然印刷对应于马克思的异化，但电视将拯救我们，使我们回到一种原始的共产主义或伊甸园。

一些德国媒介理论家，比如在希特勒的独裁政权下流亡好莱坞的"批判理论家"阿多诺（T. W. Adorno）和霍克海默（M. Horkheimer），对电子媒介的好感不如麦克卢汉。他们甚至声称，法西斯主义与漫画和电视等 20 世纪大众媒体有相似之处。值得注意的是，希特勒是第一位成功利用无线电广播的政治家（也是第一位利用飞机的政治活动家）。这一观点得到了最近发展的支持，比如六家大公司所拥有的现代电视和广播的集中化（Bagdigian，2004）、电视新闻的情感性、电视新闻评论的愤怒主持人，以及新闻喜剧节目的有时表现猥琐的主持人鼓励了一种反动的情感主义。电视的集中化可以通过宣传进行大规模洗脑。阿多诺《如何看电视》一文中称电视为"反向精神分析"（Adorno，1998）。电视并非像精神分析学应做的那样让我们清醒地意识到我们最初的冲动和神经症，而是让我们变得无意识和幼稚。麦克卢汉和阿多诺对由此产生的原始主义意见相同，但对原始主义的评价意见不一。

也许真相与麦克卢汉不加批判的赞扬相去甚远，但也远未达到批判理论家全面谴责的地步。由于许多实验的人工环境所限，关于电视上的卡通暴力在多大程度上鼓励或影响了看电视儿童的实际暴力行为的研究广受批评和争论，但似乎显示出了效果。无论人们如何评价看电视的结果，电视技术无疑已经影响了观众的心理和文化。

互联网是在麦克卢汉时代之后发展起来的，但它有助于分析传播媒介对经验和文化的影响。互联网是去中心化的，在这方面与电视形成了对比。互联网是互动的，而电视则是从一个依赖巨额资金的广播中心单向发出的。在 21 世纪初，美国媒体出现了巨大的整合，主要电视网络在很大程度上由西屋电气和通用电气等六家左右的大公司所拥有（Bagdigian，2004）。如果互联网仍然存在，日益去中心化，而且没有被商业公司、服务提供商和有线电视公司所占领，它也许可以对抗电视所鼓励的集中和被动。然而，获取虚拟信息的上涨费用和对其进行审查可能会削弱互联网的民主和无政府主义方面。以前免费的一些网络服务和资源已经被私有化和商业化，但免费下载、个人网站和博客的激增保持了网络的自由主义特征。

德雷福斯巧妙地使用了丹麦存在主义哲学家克尔凯郭尔（Kierkegaard）的审美生活方式概念（Dreyfus，1999），阿尔伯特·鲍尔格曼（Albert Borgmann，1995，1999）则以一种更具批判性但较少负面的方式（见第5章）批评互联网通过无脑的网上冲浪使教育贬值，并通过大量毫无意义的信息淹没了个人，使个人异化。就像阿多诺对广播和电视的骇人批评一样，这些批评也不无道理，但往往低估了网络的积极方面。互联网极大地扩展了发展中国家非精英教育机构和学术界人士获得技术信息的渠道，尽管那里只有少数人能获得这些信息。即使在富裕国家，也不是所有地区都有"信息高速公路"出口，它也可能增加民主化，即使程度低于其最具空想色彩的党派所宣称的程度（见文本框6.3）。

文本框6.3　后现代主义与大众媒体

一些人声称，所谓后现代主义的进路和论题可能是大众媒体和互联网发展的产物。这暗示信息社会是后现代主义的根源。这是技术决定论的"信息形式"版本的一个例子，其中不同形式的传播媒介取代了马克思所说的生产力，成为文化的决定因素。（见麦克卢汉的媒介理论作为这种信息决定论的一个早期例子）。随着我们从口头转向印刷、广播、电视、互联网，新媒介造就了新的世界观和理论。

后现代主义是一种广泛而多样的运动，近几十年来影响了包括科学技术学在内的人文社会科学领域。后现代主义的一些主要特征是：（1）强调语言构造了我们对现实的把握；（2）否认可能有"宏大理论"，即关于实在本性的形而上学的一般哲学理论，或声称解释了整个历史的宏大社会理论和"宏大叙事"；（3）否认有一种统一的自我是我们理解世界的核心或政治的基础；（4）否认事物有统一的本质或本性；（5）否认总体的人类进步。显然，后现代主义拒绝接受柏拉图和亚里士多德等人的一些古典理论假设，例如本质的实在性和一般形而上学体系的可能性。后现代主义也拒绝接受现代早期唯理论者的观点，后者强调，科学和哲学的理性思维能够把握实在的本性。最后，后现代主义拒绝接受启蒙运动、实证主义和马克思主义等相信科学和人类进步的 18、19 世纪和 20 世纪初的理论。

在后现代主义的一篇核心宣言中，利奥塔（Lyotard，1979）反对孔德等实证主义者、马克思和马克思主义者或斯宾塞主义的进化论者在 19 世纪提出的那种历史的"宏大叙事"。利奥塔一开篇就提到了计算机社会和"后工业时代"。根据他的说法，新的电子时代使进步叙事以及关于国家管理增长的叙事变得不可信和过时。

后现代主义尤其强调语言文字在最广泛意义上的作用。后现代主义的特征之一就是否认有一个区别于其符号或语言表现的独立的客观实在。对传统客观实在概念和科学概念的拒斥，与计算机科学和科幻小说中虚拟现实的发展和猜测是平行的。例如，电子前沿基金会的约翰·佩里·巴洛（John Perry Barlow）在一份非常理想主义的互联网宣言《赛博空间独立宣言》（1996）中声称，互联网居民独立于物理环境："你们这些令人生厌的铁血巨人，我来自赛博空间，一个崭新的心灵家园。……我们的世界无处不在，又无处可寻，但绝不是身体生活的地方。……你的法律概念……不适用于我们。它们基于物质，而这里并没有物质"（Barlow，1996；Ross，1998）。一位重要的后现代社会学家几乎在不知不觉中讽刺了后现代主义的主观主义，声称应对第一次海湾战争的最好方式就是否认它曾经发生过（Baudriard，1995；另见 Norris，1992）。

后现代主义不仅否认一般形而上学体系解释整个宇宙的可能性，而且否认马克思主义等一般社会理论的可能性。后现代主义通常强调社会的碎片化和统一结构的缺乏，并进而否认有什么普遍理论（以及像圣西门、孔德、马克思等人的进步论那样的历史"宏大叙事"）能够恰当地解释社会。电视和互联网的全球互联破坏了传统民族和当地文化，进而引发了反应，比如基督教、伊斯兰教、犹太教和印度教的"原教旨主义"，以及英国、法国、印度尼西亚和菲律宾的地方分离主义运动。根据一些后现代主义的论述，联邦政府的削弱（尽管被战争和军事所抵消）可以在经济文化实现全球化的同时加强地方分裂。互联网促进了社会运动中的国际交流。例如，墨西哥恰帕斯的萨帕塔民族解放运动（Zapatista）可以通过互联网以及他们受过大学教育的发言人"副司令马科斯"（Subcommander Marcos）在传播方面的独创性获得国际支持。在世界贸易组织、国际货币基金组织、世界银行和世界经济论坛集会上示威的反全球化抗议者通过互联网组织抗议，反对新的电信技术所促进的经济全球化。

文化决定技术

近几十年来，技术决定论受到了技术研究者的广泛批评。为了批评技术决定论，这些作者举了一些例子，声称可以表明社会对技术的方向或对技术的接受和拒绝有影响。这样做的一种方式是表明技术发展可以有其他方向，并且做出了受社会影响的选择。这常常很难做到，因为一项技术一旦被确定，进一步的发展方向就会被限制。于是，技术回想起来似乎是不可避免的，这支持了关于技术决定论的信念。

许多人认为，马克思主义的一个版本（基础和上层建筑模型，其中技术基础决定政治和文化的上层建筑）是对技术决定论的经典表述。然而，马克思主义者却给出了社会决定技术的一些例子。一个例子是，在一个主要以奴隶劳动为基础的社会中，人们没有动力去发展基于受薪劳动的社会中的节省劳力的设备。前面我们已经简要提到了这一点。直到 17 世纪，古希腊人的科学知识一直高于他们之后的社会。尽管如此，希腊人并没有发展机器技术。希腊人有齿轮知识，在亚历山大里亚，一个蒸汽机模型被发明出来，然而，我们没有看到这些创新被用于泵或蒸汽船等实际设备，这些东西直到现代早期才出现。有人声称，一旦雇佣劳动成为主要的工作形式，人们就有动力通过机器装置提升工人的能力和速度来节省工资。

在中世纪，付给领主一部分粮食的农民取代了奴隶。在修道院里，人们希望节省劳力，以便僧侣能够致力于他们的宗教职责，因此在修道院里发明了大量机械装置。宗教兴趣也影响了发明。机械钟的发展是为了每隔几个小时给祈祷尤其是晚祷计时（Mumford，1934）。

在 20 世纪，技术问题在某些情况下有其他解决方案，但出于社会或政治原因而选择了一种解决方案。大卫·诺布尔（David Noble，1984）声称，数控车床就是一个例子。之前的另一种方法是车床在纸带或磁带上记录熟练工人的运动，纸带无须工人的手动指导，就可以回放以产生图案。这种回放技术使车床操作员对整个过程有更多的控制，新的更好的记录可以代替原来的记录。然而，数控车床渐渐取代了回放装置。诺布尔令人信服地指出，早期的数控车床并不比回放式车床更精确或效率更高。事实上，数控车床经常发生故障，必须由工人进行调整或克服。诺布尔认为，管理层更喜欢数控技术，因为它将过程的控制交给了工程师和管理者，而不是车床操作员。控制工厂车间的愿望胜过了效率。由此发展出的技术并不是追求工程速度和效率的必然结果，而是源于希望对工人保持更大的控制。

社会建构论的技术研究者也批评技术决定论（见第 12 章）。社会建构论者声称，许多利益集团影响着技术的发展。不同的群体喜欢不同的选择。在维贝·比耶克（Wiebe Bijker，1995）对自行车的研究中，不同的早期设计要么牺牲安全性追求速度，要么牺牲速度追求安全性。有巨大前轮的早期自行车是为速度而制造的，但很难平衡，如果倾斜，会导致骑车的人从更高的地方坠落。早期的小轮自行车更安全，但速度较慢。不同的用户喜欢不同的设计，这要看他们对赛车感兴趣还是对休闲旅游感兴趣。速度快但不稳定的大轮自行车主要吸引喜爱运动的年轻人。由此产生的标准自行车是不同利益集团来回推拉的产物。

芬伯格描述了消费者如何因为兴趣而主动修改技术设计或技术方案（Feenberg，1995，pp.144-154）。法国的小型电传（Minitel）网络就是一个例子。最初，由电话公司推出的这项服务主要是为了获取天气预报、股市信息和新闻标题等信息。用户对设备进行了黑客攻击，将它修改为通信或信息传递设备，这最终成为该设备的主要用途，远远超出了它原有的获取信息功能。

芬伯格使用的另一个例子是艾滋病患者对药物试验方案的影响（Feenberg，1995，pp.96-120）。由于未经治疗的艾滋病是致命的，所以通常使用的那种双盲医学测试实际上牺牲了那些服用安慰剂并被告知正在服用艾滋病药物的患者的生命。对于这种情况，病人们做出了反抗。起初，医学研究人员认为这种反抗是反科学和非理性的。但最终，研究人员开始与患者游说团体（patient advocacy groups）合作。后者的科学知识非常丰富，影响了药物检测程序。芬伯格指出，将医学过于严格地等同于纯粹的"科学"，忽视了医疗程序的规范性要素。对实验对象的关注和研究常常会提供慢性病患者所错过和看重的那种个人护理。

阿诺德·佩西（Arnold Pacey，1983，pp.1-3）讨论了加拿大南部和美国北部休闲者使用的雪地摩托如何与加拿大北部的因纽特人使用的设备基本相同。然而，其日常的维护和使用是非常不同的。人口密集的南部地区的休闲者通常不会离家很远，如果雪地摩托发生故障，通常会有电话亭和加油站来处理问题。对于加拿大原住民和因纽特人来说，雪地摩托是狩猎和其他生存活动的一部分。在遥远的北方，远离任何维修设施的故障可能是致命的。雪地摩托必须在长途旅行中保持完好，并携带额外的汽油。在遥远的北方，一些印第安人把雪地摩托放在他们的住处，以保持温暖。虽然对于寒冷的北方来说，技术上的修改可能极小，但文化的维系导致了非常不同的技术使用。

科学技术学以其社会建构论倾向普遍认为技术决定论已经过时。然而，最近的技术研究有时会陷入彻底的文化决定论的相反极端，这在一定程度上是由于对技术的社会研究以科学知识社会学（SSK）为模型。理论是物理科学和传统科学哲学的重要组成部分。正因如此，科学知识社会学往往会强调理论和观念的社会建构，而不是技术设备的社会建构。尽管有哲学中工具实在论的发展（见第1章）以及科学知识社会学中对实验的日益强调，但技术研究作为后来者，其基础是之前的科学知识社会学。

布鲁诺·拉图尔批评社会建构论社会学过分强调文化产生技术客体，而不重视客体在文化生产中的作用（Latour，1992，1993）。拉图尔强调，自然和文化都不是原初的，客体应当与人对称地被视为"行动者"，分析的出发点应该是自然-文化的混合体。唐娜·哈拉维也同样关注这个问题，她把赛博格（cyborg）用作消除自然-文化之二分的象征，最近她用到了家养狗作为例子。同样，安德鲁·皮克林也用他的"实践冲撞"（mangle of practice）概念强调，物理对象和规则以及政治和文化因素限制了科学家和技术专家的活动（Pickering，1995）。

研究问题

1. 请举出一个本章没有讨论的发明的例子，谈谈技术决定论
   会如何解释它的影响。
2. 你认为人的自由意志的存在表明技术决定论是错误的吗？
3. 不论人的自由意志如何，"软决定论"或统计决定论都成
   立吗？
4. "人类行为的意外后果"是否会导致某种技术决定论

第 7 章

技术自主论

主张技术自主，是指主张技术独立于人的控制或决策。技术被认为有自己的逻辑，或者更隐喻地说，技术有自己的生命。技术自主论的概念与法国学者雅克·埃吕尔及其《技术社会》有关。

这种主张似乎显得悖谬，因为人类发明、营销和使用技术。但埃吕尔指出，看似掌控了技术的各种人群并没有这样做。发展技术的技术专家和工程师并不了解技术的社会影响，而且对于控制技术的手段往往持有非常幼稚的想法。（埃吕尔声称，爱因斯坦、玻尔和奥本海默等杰出物理学家的工作是核武器的基础，他们对于裁军的可能性以及与苏联分享美国的核知识往往持有极为天真的看法。）埃吕尔也蔑视技术专家所预测的关于未来社会使用技术的通常是善意的描述。

关于技术未来的餐后演讲传统上讲的是"人选择"技术，就好像选择是不受限制的，做出选择的是整个人类而不是强大的利益集团。支持研究的政客和商人对技术方面缺乏了解。当然，埃吕尔的观点是正确的，无论是工程师、商人还是政客，都没有意识到他们发展或倡导的技术的后果。虽然技术专家对于技术周围的社会政治议题通常显得无知而天真，政客们对于技术本身的工作方式也极其无知，但埃吕尔声称，公众对于技术的技术方面和社会方面都不懂。他还进一步声称，处理社会使用技术的价值议题的宗教领袖对技术议题和社会议题一无所知，没有人倾听评估技术的哲学家的意见。技术自主论是马克斯·韦伯讨论的人类行为的意外后果的一个特例。

关于科学方法和技术本质的一组共同信念支持技术的自主性（海尔布隆纳利用这些主张来支持技术决定论，但它们与技术自主论更相关）。如果我们认为科学方法是比较机械的和干巴巴的（比如培根的归纳法），并认为决定科学发现顺序的是实在的本性，而不是人的诠释和理论，那么科学发现的顺序就是预先确定的和线性的。如果技术仅仅是应用科学，那么科学发现的线性序列的必然逻辑就预先确定了技术应用的线性序列。一种技术一旦引入，就很少被撤回。日本之所以撤回火器，是因为它们破坏了英勇的武士伦理和以之为顶峰的封建社会结构。然而最终，日本重新引入了它们。

虽然日本与世界其他国家隔绝，从而能够取缔火器，但在 19 世纪外国势力被视为威胁时，日本统治者接受了枪支并重新开始生产火器（Perrin，1979）。[1] 如果人们很少或从不拒斥某项技术，那么社会接受的一系列技术发明就会在世界的本质和科学方法的本质中自动展现。因此，可以认为技术具有其自身的逻辑，独立

---

1   这里作者的描述与历史上的真实情况不符。日本早在天文十二年（1543 年）就从九州种子岛的葡萄牙商人手中引入了火绳枪技术（日语中写作"铁炮"）。在整个战国时代，火器部队一直在日本内战中扮演着重要角色。在整个德川幕府时期，火绳枪仍然在武士阶层中广泛使用。此处作者认为古代日本曾经发生过"撤回火器"事件，似乎是混淆了丰臣秀吉在 1588 年颁布的"刀狩令"。——译者注

于人的欲望。

支持技术自主论论题的另一个技术特征是它倾向于产生更多的技术。埃吕尔和其他人一样指出，技术总是产生意想不到的问题。一般来说，解决这些问题的办法是更多的技术，而不是拒斥技术。

埃吕尔还声称，社会倾向于适应技术，而不是根据社会来调整技术。埃吕尔本人更喜欢用 technique 而不是 technology，并把技术（technique）等同于通过一套手段－目的关系和规则，使手段最大效率地适应目的（而从未考察最终目的）。埃吕尔对技术的刻画符合把技术定义为规则。然而，技术的系统定义，包括人类组织和技术设备的营销和维护，可以支持技术自主论论题。在兰登·温纳（Langdon Winner，1977）所谓的"反向适应"中，技术系统特别是其社会成分使社会适应技术，而不是相反。对技术的营销，通过为特定的设备做广告或为技术能被普遍接受而做的宣传，来说服公众接受新技术（埃吕尔在宣传本身作为一种技术方面有大量著述）。这种说法否认技术仅仅是公众在市场上自由选择的，但强调了向公众销售技术的广告的能力。在大规模技术方面，核武器计划或太空计划等政府项目影响了政府对技术的支持和资助。一旦在某个技术项目上投入了大量资金，做出过郑重承诺，那么即使出现了问题和困难，也难以径直放弃它。（越南战争就是这种情况的一个典型例子。做出的承诺越大，就越难撤回。一个可能的例外是超导超级对撞机［SSC］在花费了 20 亿美元后被放弃，但这个项目未像战争那样动用全国的经济和政治资源。）

同样，大公司游说政府支持他们的技术生产，并让公众接受这些技术。美国的《普莱斯－安德森法案》（Price-Anderson Act）就是政府和企业施压支持核电行业的一个例子，该法案限制了发生核事故时所要支付的保险金。如果核电公司必须为重大核事故支付全额保险费率，那么保险费用将会令人望而却步，遂通过一项法案，将保险费限制在此类事故所需费用的很小一部分。因此，根据反向适应理论，与强大的制度和利益集团联系在一起的大规模技术对于任何社会抵制都是冷酷无情的。

温纳在阐述技术自主论的概念时强调，技术的工具模型误导了人们对现代技术系统的认识，并且支持对技术的现状和方向进行天真而自私的辩护。"人控制技术"这一观念不仅假设了一种集体的人，而且将现代技术视为一种可以由个人操纵的工具。一方面，个人将工具用于特定目的，以达到特定目标。另一方面，技术系统最多只能使其最终产品被消费者所使用，但在被某个人引向特定目的的意义上，技术系统并没有真正被使用。消费者并未发明、维持或理解系统的复杂技术或复杂的社会技术。然而，即使发明者、工程师、维修人员、商人、官僚、政客和系统中涉及的其他人，也缺乏对系统的总体思想把握或战略控制。他们只能控制和理解系统的一小部分。

事实上，根据埃吕尔和温纳的说法，从操纵技术系统以达到目标或服务于目的的角度来讨论技术系统是误导性的。技术的目标听起来很好——繁荣、进步、幸福、自由，但实际上往往缺乏内容。目标变得抽象和空洞，而手段则变得越来越复杂和精细。没有人会质疑进步和财富等目标，但其内容是模糊不清的。重点是发展的手段。反向适应和类似的机制赋予了目标本身以适合可用手段的内容。

温纳认为，技术自主论绝非由技术精英小心翼翼地控制和指导，实际上它不受任何人的统治或控制。系统的复杂性、约束性和强制性，迫使每一个服务于它的人都以恰当的方式行事，执行适当的规则。即使国家也没有像许多技治主义理论所描述或倡导的那样发挥全能的中央计划作用。各种大型技术系统都遵循自己的规则，有时相互冲突，但并非真正由国家控制。

技术自主论强调现代技术系统不可理解的复杂性，拒绝接受主张技术由社会建构的先驱者的一个论点。维柯和霍布斯声称，我们的确知道我们制造或构造的东西（见文本框 12.1），但我们制造的很多东西都显示出一种超出了我们理解能力的复杂性。许多计算机程序非常复杂（如果涉及学习或自然选择，就变得更加复杂），我们无法准确把握它们是如何运作的。许多利用神经网络或演化计算的人工智能都是如此。

温纳利用汉娜·阿伦特对阿道夫·艾希曼（Adolf Eichmann）的解读（Arendt，1964）或阿尔伯特·施佩尔（Albert Speer）自己的辩护，声称个体责任在技术系统中被侵蚀和消除。纳粹官员艾希曼声称，他只是在履行自己的职责，服从命令，安排列车将犹太人运往集中营。纳粹建筑师和军备部长施佩尔声称，其行为的原因是现代技术，而不是他自己的道德。每个人都只是在做自己的工作罢了。现代技术系统的复杂性使得为任何特定结果指定责任变得越来越困难，任何特定结果都需要许多不同层次的人和许多复杂的设备来负责。当我们收到错报的银行余额时，银行柜员通常会将其归因于"计算机错误"，但很少会确定谁或什么应对错误负责。由于使用了自行学习和演化的计算机程序，甚至连专家也无法确定某些程序结果的详细来源。

对技术自主论论题的批评

尽管埃吕尔提出了许多有效的特殊观点，但人们可能会对埃吕尔的一些笼统结论提出疑问。埃吕尔主张，任何个人都普遍缺乏能力来掌握先进技术的技术细节以及它所引发的社会、政治和伦理问题，这种说法仍然成立。但自从埃吕尔在 20 世纪 50 年代写了他的主要著作以来，有更多的努力和活动试图以富有洞见的方式来处理技术的社会问题。甚至在 20 世纪 50 年代，不管玻尔和奥本海默等核物理学家在政治上是否幼稚，也有爱德华·泰勒（Edward Teller）这样在政治上很精明的技术专家（尽管政治上更老练的人会支持核技术，而不是限制核技术）。以人类基因组计划为例，公众对社会伦理问题的讨论要比以前的科学技术项目多得多。该计划本身的一部分资金专门用于其道德、法律和社会问题（ELSI）。[1] 该领域的大部分工作都涉及科学家、律师和伦理学家的合作，部分克服了埃吕尔声称的因为现代技术过于复杂而导致每个群体都不能对所有相关领域完全了解的困境。愤世嫉俗者声称，这只是科学家试图掩盖自己的行为，并且驳斥他们意识到的公众对于一般生物技术尤其是人类基因工程的普遍担忧。尽管如此，生物学家、社会科学家、律师和伦理学家仍然成立了小组，发表报告，影响公众舆论。

我们已经看到，认为科学就是自动做出一系列预定的发现，这些发现完全由实在的本性和机械的科学方法所决定，这种观点是可以质疑的。科学理论和兴趣焦点常常由更一般的社会舆论氛围引导，对数据的解释也会受到社会环境的影响。同样，认为技术仅仅是应用科学，这种观点也是可以质疑的。将科学应用于技术并不是简单和自动的。许多技术发现都涉及偶然因素，即使嵌

1　另一种对 ELSI 的解释为 Ethical, Legal, and Social Implications，即更加关注新兴技术产生的应用后果（implication）。——译者注

在科学知识的框架内也是如此。与科学应用相关的主题常常受到社会的愿望和问题的影响，如何使用和维持技术也受到社会环境的影响。

当然，受强大的政治经济利益支持的大型技术项目可以压制、恐吓或诋毁基层的反对，并利用媒体来左右公众舆论。然而，它们是否成功并不总是很清楚。核工业在德国和美国（虽然不是在圣西门技治主义的法国和俄罗斯）遇到的困难和反对表明，文化问题、对自然的态度和公众的恐惧可以影响受政府支持的大型经济项目。同样，冷战结束后太空探索资助的减少表明，一旦文化环境改变（这里指美苏之间民族主义竞争的减少），单独的技术并不会自动扩展。虽然广告很能影响消费者，但资金充足和广告做得好的产品仍可能找不到买家。一个著名的例子是福特的埃德塞尔（Edsel）汽车，福特肯定为它做了很好的广告，但它失败了。至于反向适应论题，我们需要将作为特定技术系统一部分的社会力量与更大社会中的社会力量分开。影响技术项目成败的往往不是技术系统本身（例如太空计划中的国家航空航天局），而是国家政府。

研究问题

1. 温纳的"反向适应"概念是否准确描述了主要技术系统对社会的影响？也就是说，技术系统是否塑造了政客、消费者和其他人的观点，以支持和促进系统的目标？温纳在太空探索或军事技术等方面的看法正确吗？请举出一个不同的例子或反例。

2. 埃吕尔声称技术专家不懂政治，而政客和商人不懂技术，一般民众则技术方面和社会方面都不懂，这一说法在今天是否仍然成立？由科学家和技术专家运营的计算机和生物技术初创公司是否反驳了他的说法？科普写作的增长是否表明公民比埃吕尔声称的更有见识？

3. 主要营销策略（如福特汽车公司的埃德塞尔汽车被广泛宣传但未能销售）偶尔的失败是否表明温纳的"反向适应"论题是错误的？

第 8 章

人的本质：
制造工具还是语言

近几个世纪以来，哲学、历史学、经济学等领域对人的本质的许多刻画都集中在制造工具上，将技术置于人的本质的中心。在过去一个世纪里，与这种用工具制造或技术来刻画相反，人的本质主要是通过语言来刻画的。人当然既是使用工具的生物，又是使用语言的生物。对技术持否定或悲观态度的技术哲学家通常会用语言来定义人，以否认技术是人的核心。要把工具制造或语言视为对人的本质刻画，就必须声称人的工具制造不同于动物的工具制造，人的语言与动物的交流系统有质的差别。

在古典哲学中，人们试图用真实的定义和本质理论来刻画人的本质。亚里士多德把人定义为理性的动物。一些存在主义者会拒绝任何这种关于人的本质定义。萨特声称，人的自由排除了对人的本质的任何刻画，因为人可能会选择拒绝任何特定的特征。西蒙·德·波伏娃（Simone de Beauvoir）将这一观点概括为："人的本质就是没有本质。"奥尔特加·加塞特（Ortega y Gasset）声称，人没有本质，而是有历史。

然而，许多学者都试图刻画人的本质。有些人把刻画集中在制造工具上，另一些人则否认制造工具是人的本质的核心，声称思想、语言或符号才是人最重要的特征。学者在这场辩论中采取的立场（工具和技术，或思维和语言）通常取决于他对技术的态度。认为技术主要是有益的思想家会认为人主要是工具制造者，而将技术视为危险或诅咒的思想家则往往会强调人的心灵（在早期的学者中）或语言（在 20 世纪的思想家中），以对抗之前的技术立场。刘易斯·芒福德、马丁·海德格尔和汉娜·阿伦特都强调，可以用语言和艺术来刻画人的本质或人的境况，以对抗技术在理解人的本质方面的主导地位。

头与手：人的本质是理性还是制造工具

对人的本质的一些传统刻画和相关的争论涉及技术。本杰明·富兰克林将人定义为使用工具的动物，另一些人则把人刻画为制造工具的动物。关于心灵的优先性和一种纯心灵的理性概念（回想一下亚里士多德的"人是理性的动物"）的争论可以追溯到西方思想的起源。

阿那克萨戈拉（Anaxagoras，约公元前 500—前 428）声称，能抓握的手的发展先于人的心灵的发展。后来对古代哲学加以系统化的学者拒绝接受这种早期的观念，即手和身体的操作先于精神沉思。亚里士多德在《论动物的组成》（*Parts of Animals*，p.X 687a5）中声称阿那克萨戈拉的说法是荒谬的，认为手显然是为心灵服务的。柏拉图在他关于创造宇宙的论述《蒂迈欧篇》（*Timaeus*，44d）中，幻想地宣称人最初只作为头被制造出来。部分原因在于，头是圆形的，而圆是最完美的图形，是恒星和行星路径的模型。然而，这些头滚入了地沟和凹陷处被牢牢卡住，造物主遂为其增加了四肢。

古希腊人和罗马人普遍鄙视体力劳动（见文本框 8.1）。由于劳动主要由奴隶完成，所以体力劳动被认为是卑贱的，与自由人不相配。柏拉图和亚里士多德推崇沉思和纯粹的理论。哲学、数学和天文学因为涉及纯粹的理论而是值得沉思的对象。

尽管这些早期观点可能看起来很原始，对许多现代人来说甚至滑稽可笑（比如柏拉图关于人类演变的例子），但它们预示着在刻画人的本质方面，优先的是理论思想还是实际的技术活动，会持续争论下去。

文本框 8.1　古代、中世纪和现代早期东西方对劳动和技术的态度

劳动对于技术当然至关重要。最近的一本技术哲学教科书甚至将技术定义为"劳动中的人性"（Pitt，2000，p.11）。这种进路是可以理解的，尽管它遗漏了技术设备对于游戏和体育的作用。工具和机器的使用在劳动中的核心性引出了这样一种刻画。同样，劳动和劳动组织是思考技术的核心。但要记住，现代西方世界对劳动的高度评价并不是普遍持有的。传统的希腊、罗马和中国社会并不尊重艰苦的体力劳动，而是瞧不起它。

在传统中国社会晚期，甚至 20 世纪初，留长指甲的传统标志着拥有这种不切实际的指甲的人不必进行体力劳动（在这种情况下劳动是不可能的）。尽管如此，古代和中古时期中国的技术质量极高，在许多领域远远超过欧洲，在某些方面（比如激素治疗和生物病虫害控制）甚至在20世纪之前一直领先于欧洲（Needham, 1954）。（关于这一主题的更多内容，参见第10章关于中国的部分。）尽管中古时期的中国技术有很大创新，但发明这些技术的工匠在整个中华帝国（大约从公元前200年开始）都受到轻视。除了墨家，没有任何中国哲学流派尊崇技术。墨家被认为是军事工程师，在某些情况下甚至是奴隶，他们在帝国崛起之前的百家争鸣时期蓬勃发展。甚至是推动化学和医学发展的早期道家，在被归于老子和庄子的作品中也批评了节省劳力的装置。

在古希腊和罗马，类似的情况从公元前400年左右的希腊古典时代，一直盛行到公元400年左右的罗马帝国晚期。在大规模使用奴隶的制度兴起之前，早期的前苏格拉底希腊哲学家—科学家（之所以这么说，是因为他们早于苏格底拉）在他们的形而上学中以正面方式使用技术隐喻。例如，据说恩培多克勒（Empedocles）让河流改道将沼泽排干，从而消灭了城市的疾病。然而，到了柏拉图和亚里士多德时代以及希腊罗马时代的整个其余时期，体力劳动都被负面地看待。对柏拉图和亚里士多德来说，沉思的生活是最高的生命形式（见第3章对柏拉图的讨论）。对哲学、天文学和数学进行沉思是最高的天职。体力劳动只适合奴隶，与奴隶制的联系降低了体力劳动的地位。根据一则逸事，柏拉图开除了学园的两名成员，因为他们发明了一种绘制曲线的装置。柏拉图认为这种机械的几何学研究方式是粗俗的，学生应当纯粹通过沉思来研究形式。

普鲁塔克（Plutarch）在他的《希腊罗马名人传》（*Lives*）中说，阿基米德专注于抽象的数学理论，不愿记录其实际发明，这些发明是一种心智消遣。尽管阿基米德做出了许多发明，特别是一些军事装置，如投石器、燃镜等武器，试图使他的家乡叙拉古解除围困，但他从未费心记录这些发明（Farrington, 1964, p.216）。不仅如此，普鲁塔克等后来的希腊人都赞扬说，阿基米德不愿费心记录这些技术设备，因为他在研究更抽象的数学和数学物理学。有几则稍显混乱的逸事指出，罗马皇帝拒绝奖励节省劳力的发明，甚至判处了一些发明家死刑（Finley, 1983a, pp.189、192）。同样，虽然希腊人认真记录了文学概念的发明者（真实的或神话的），但他们几乎从未记录过即使是最重要的技术设备的发明者（除了神话中普罗米修斯把火馈赠给人）。

随着中世纪奴隶制度衰落和基督教占据主导地位，劳动越来越具有正面价值。虽然《圣经·创世记》（3:16-17）中亚当和夏娃被逐出伊甸园的故事将"终身劳苦"（以及夏娃未来的分娩劳动）当作一种惩罚，但相比于传统希腊、罗马和中国的社会，中世纪社会提高了劳动的地位。

圣本笃修道会及其会规表现了劳动的更高地位

（Boulding，1968）。中世纪修道院的僧侣们必须自食其力，自己做工。他们发明了包括滑轮在内的许多技术装置（White，1962）。据称，他们甚至发明了一种闹钟来唤醒僧侣做午夜祈祷（Mumford，1934，pp.12-18；亦见 Landes，1983）。无论是出于巧合还是世界体系的动力，在公元 8 世纪末的同一时期，距离欧洲数千英里的中国禅寺发展出了类似的清规戒律，强调劳动和寺院自给自足，这在政府镇压佛教期间帮助其获得了周围农民的同情和支持。

随着新教特别是加尔文宗的兴起，劳动受到了更高的重视。社会学家马克斯·韦伯在他的《新教伦理与资本主义精神》（*The Protestant Ethic and the Spirit of Capitalism*，1904）中说，人从创世之初就预先注定了要么得救，要么被罚入地狱，这种观念造成了巨大的焦虑。在此岸世界的财富和成功被认为是一个人得救的外在标志。当然，主体性和新教对良知的强调也促进了资本主义的个体主义。韦伯在该书结尾指出，尽管宗教动机衰落了，但资本主义的结构仍然存在，就像一只蜗牛分泌出一个壳，然后这只宗教动物死去，韦伯认为，留下的壳可能成为我们的"铁笼"（Weber，1904，p.181）。

海克尔、恩格斯和古人类学家论人是工具制造者

19 世纪末 20 世纪初的人类学重新开始了关于头与手谁更优先的争论。德国进化论者恩斯特·海克尔（Ernst Haeckel，1868，1869）声称，直立姿势将手解放出来以操纵环境，导致了大脑体积的增加。马克思的合作者恩格斯在《劳动在从猿到人转变过程中的作用》一文中延续了海克尔的这一主张。恩格斯进一步认为，在阶级划分的社会中，对心灵优先的强调源于认为脑力劳动高于体力劳动（Engels，1882）。神职人员和管理者从事脑力劳动，认为自己优越于农民和手艺人。恩格斯将手在进化意义上优先于脑与一种一般的历史理论联系在一起，在这种理论中，体力劳动是人类社会的基础，技术的发展和阶级关系推动了人类历史的发展。

这场争论基本上是这样的：人是先变得聪明，然后站起来，解放双手，制造工具的？还是先站起来制造工具，然后变得聪明的？

20 世纪初，伍德·琼斯（Wood Jones）和格拉夫顿·埃利奥特·史密斯（Grafton Elliott Smith）等许多英国人类学家声称，在人类进化中，巨大的大脑要先于手（Landau，1991）。他们暗中将自己与 2 000 年来的古典观念结合在一起，即人的思想优先于手和身体，这种观念最早是由柏拉图和亚里士多德表述的。这种理论上的偏见导致了对伪造的"皮尔当人"（Piltdown Man）的接受。"皮尔当人"是一块拼接而成的所谓化石，由一个现代人的头盖骨附着在一只猩猩的颌骨上组成。这块所谓的化石使人们相信，最早的人有巨大的大脑以及类人猿的身体，后来这具身体进化出了人类的身体特征。由于它支持了他们最喜爱的理论，所以 20 世纪初

的一些英国人类学家对"皮尔当人"缺乏批评。尽管"皮尔当人"是在1913年和随后几年被"发现"的，但直到20世纪50年代初，它才被曝光为骗局（Weiner，1955）。

20世纪的人类学支持了舍伍德·沃什伯恩（Sherwood Washburn）所说的"巨大的大脑在工具之后"的观点。技术推动了大脑的形成。然而，究竟是大脑体积的增加导致了制造工具，还是制造工具导致了大脑体积的增加，这种争论仍在继续。2003年，人们发现了260万年前的石器和动物骨骼，这些动物骨骼显示了石器的切割痕迹（《纽约时报》，2003-10-21）。这支持了制造工具先于大脑体积增加的观点，但由于在这个地点出现最有可能出现的类人猿（pre-humans）是南方古猿，这表明关于人的制造工具定义将包括先于人属的原人（proto-humans）。

将人定义为工具制造者影响了对人类出现证据的解释，并且引导研究人类化石的古人类学家确认人与非人的界限。当路易斯·里基（Louis Leaky）发现了非常早期的石器时，甚至在找到其制造者的骨架之前，他就把这位制造者称为"能人"（*Homo habilis*），或说巧匠。里基径直假设，制造工具是人的典型特征，第一位工具制造者就是第一个人。

动物技术与人作为工具制造者的独特性的对抗

当然，人从一开始就与技术有关联。然而，在20世纪，动物使用工具的发现被用来反对人是唯一使用工具的动物的说法。泥蜂会用鹅卵石把埋藏捕获物的洞口的泥土夯实；螃蟹会用海绵状物来伪装；达尔文所说的雀鸟会用一片草叶戳进洞里来引出昆虫；

黑猩猩会用小树枝戳入树洞，提取白蚁来吃；黑猩猩也会折断树枝捕捉昆虫和进行搏斗。因此，黑猩猩也可以被视为工具制造者，即使只是最初级的一类。

刘易斯·芒福德指出，在关于人类社会的研究中，对手工工具的过分强调以及对容器技术的不重视，已经导致动物的工具使用和工具制造被低估。鸟类的巢穴，懂得造纸和涂泥的黄蜂的巢穴，河狸建造的水坝和巢穴，都被视为工具或工具制造的产物。

尽管如此，人的工具制造有一个特点使它不同于动物的工具制造。人是为了制造工具而制造工具。人的语言与动物的语言的不同之处在于它的语法递归性，它可以通过进一步的替代来无限扩展。人的工具制造也参与了这种递归。存在着制造—制造工具—的工具。帕特里夏·格林菲尔德（Patricia Greenfield，1991）甚至提出，在人类进化过程中，猿类大脑中用来用手进行数字操作的部分，被部分地代之以语言。

20 世纪技术哲学中对人作为工具制造者的批判

20 世纪的许多技术研究者都对技术的前景持批评或怀疑态度，他们主张人的典型特征是语言而不是制造工具。语言作为意义领域是与技术对立的。声称语言是人所特有的东西，这往往是淡化技术对人类价值重要性的策略的一部分。其中一些研究者一般被认为对技术持有负面看法。然而，刘易斯·芒福德等人却支持用一种替代性的、去中心化的技术来取代占主导地位的技术，他们认为占主导地位的技术鼓励了中央集权、自上而下的统治和反民主倾向。

马克思论人的本质、技术和异化

马克思在其早期著作中提出了一种以创造性劳动为核心的人的本质理论。在后期的著作中，他又提出了一种以劳动在社会再生产中的作用为中心的社会历史理论。由于马克思强调技术是整个历史中社会形态更替的基础，所以许多技术哲学家都要与马克思的观点角力。马克思主义者和反马克思主义者都在借用其观点的同时批评他的政治。一位历史学家声称，他的同事们白天在教室里谴责马克思，晚上在其作品中到处搜寻，为自己的研究寻找想法（Williams，1964）。和古典社会学一样，许多后来的欧洲技术哲学都可以被称为"与马克思的幽灵辩论"（Zeitlin，1968）。正如怀特海把西方哲学称为对柏拉图的一系列脚注，罗伯特·海尔布隆纳（我们在第6章遇到过他）实际上也声称，20世纪的许多社会科学在很大程度上都是对马克思的脚注（Heilbroner，1978）。

保守的奥地利裔美国经济学家约瑟夫·熊彼特（Joseph Schumpeter）写到，马克思甚至影响了那些拒绝接受其结论的人，比如他自己：

> 大多数智力或幻想的创造经过一段时间以后便永远地消失了。这段时间可能只是一顿饭的工夫，最长不超过一代人的时间。但另一些作品不是这样。它们经历过失落，但又重新出现了，它们不是作为文化遗产的无法识别的内容出现的，而是以作者个人的方式、带着个人的印迹出现的，这些是人们能够看到和触摸到的。这就是我们称之为伟大的东西——将伟大与生命力联系在一起并没有什么不好的地方。（Schumpeter，1950，p.3）

我们在恩格斯和后来的马克思主义那里看到的把人视为工具制造者的观点，并不是马克思自己关于人的本质的看法。马克思主要在其早期著作中明确提出了他关于人的本质的看法。技术是马克思关于经济和人类历史的论述的核心，但与恩格斯不同，马克思从未声称人主要是制造工具的动物。马克思关于技术与人的本质之关系的复杂而模糊的、可能不断变化的学说反映了他的一种信念，即技术是人类繁荣的关键，也是未来共产主义摆脱苦役的关键，尽管技术目前是资本主义制度下剥削和压迫工人的手段。

虽然在社会主义和共产主义运动中，马克思被普遍描述为否认存在人的本质，但受其《1844 年经济学哲学手稿》影响的作者们却描述了马克思的人的本质理论。关于该理论的部分分歧是由于，马克思发表的著作（大部分是他后来的著作）经常贬低传统哲学家和与马克思同时代的经济学家关于人的本质的理论。他嘲笑本杰明·富兰克林和英国历史学家、文化评论家托马斯·卡莱尔（Thomas Carlyle，1795—1881）把人定义为使用工具的动物，边沁把人描述为纯粹由快乐和痛苦所驱动，以及后来主流经济学家的所谓"经济人"模型。

在马克思后来发表的著作，如《政治经济学批判》（1859）和《资本论》第一卷（1867）中，他很少或根本没有明确评论过人的本质。马克思以及后来的左派传统往往会强调文化和社会的可变性以及人类特征、制度和行为的可变性。19 世纪的社会民主党和 20 世纪的共产党中的"正统"马克思主义者都声称，马克思否认存在人的本质。马克思主义者和乌托邦激进派都声称，共产主义治下的人将会缺乏保守主义者、传统经济学家和愤世嫉俗的"常识"赋予我们的许多自私和贪婪的特征。因此，马克思的追随者往往会声称，马克思否认人有任何本质。部分原因在于，常识性的短语"那就是人的本质"往往会对人的行为的不良特征不屑一顾，并强化一种缺乏反思的保守主义。马克思主义的反对者，无论是传统宗教作家、资本主义的经济捍卫者，还是关于人的本质的生物学理论的捍卫者（比如社会达尔文主义或社会生物学），常常会同意正统马克思主义者的观点，否认马克思有一种关于人的本质的学说。20 世纪下半叶，反对马克思的生物决定论的人经常声称，马克思的观点支持一种像斯金纳那样的环境决定论（Wilson，1978）（见第 6 章关于决定论的前面部分）。

　　马克思《1844 年经济学哲学手稿》在 1931 年（以德文原文）和 1960 年前后（以英文）的发现和出版，改变了许多人对马克思关于人的本质的说法的看法。在几乎 90 年的时间里一直不为人知的这些早期作品中，马克思谈到了人的"类存在"（species being），这是一个模糊的短语，虽然似乎暗含着一种人的本质。马克思还详细讨论了人的需求和人的特征，以及它们在资本主义制度下如何被"异化"所变形和扭曲。所有这些似乎都支持这样一种观点，即马克思认为人的本质是某种可以异化的东西。心理学家、法兰克福学派成员埃里克·弗洛姆（Eric Fromm）在用英语出版这些作品时，称这部文集为《马克思的人的概念》（Marx's Concept of Man，1961），并认为它为一种"马克思主义的人本主义"做出了贡献。马克思的早期手稿在德国首次出现时，它最早的评论家之一正是深受其影响的马尔库塞（Marcuse，1932）（见第 4 章关于马尔库塞和法兰克福学派的讨论）。

　　然而，马克思对人的本质的看法是复杂而模糊的（马克思的批评者会说它们是不一致的、混乱的）。马克思谈到了人的需求，但也（在后来未出版的《资本论》草稿中）写到，随着社会的发展，人也会发展出新的需求。人的本质或"类存在"，不论它是什么，似乎并不像许多传统的亚里士多德主义观点和理性主义观点所暗示的那样，是一种位于或例示于每一个个体之中的本质。事实上，马克思在其《关于费尔巴哈的提纲》(比《1844 年经济学哲学手稿》稍晚，但比他生前出版的著作更早）中指出，人的本质并不存在于每一个个体之中，而是"人是社会关系的总和"。许多传统马克思主义者声称，这显示了马克思与其"少年"人本主义的早期决裂（Althusser，1966）。（德意志民主共和国的共产党版《马克思全集》将早期著作置于推迟了数十年才出版的"少年时代作品"附卷中）。

　　然而，强调关系并不一定意味着否认本质或本性。传统本质主义以个体对象的性质为中心。大多数传统哲学都认为，关系次要于性质并且是从性质中派生出来的。在黑格尔、马克思那里，更不要说在美国实用主义和过程哲学以及现代符号逻辑那里，关系渐渐被视为等于或甚至先于对象的性质（见第 12 章对"过程哲学"的讨论）。马克思的"类存在"本身可能是一个关系复合体，很像被进化分类学家恩斯特·迈尔（Ernst Mayr，1905—2005）定义成一个潜在相互杂交的种群的所谓生物物种概念（1957），不否认可以对人这个物种进行刻画。

　　人们普遍认为，马克思认为人的本质具有无限的可塑性或可操纵性，但我们可以问：为什么马克思认为资本主义有问题？事实上，异化概念本身涉及一个人与之疏离的真实的自我或本质概念。马克思所讨论的异化包括劳动产品的异化（对产品缺乏所有权和控制）、劳动过程的异化（对工作条件缺乏控制）、类存在的异化（包括一个人自身的异化和外部自然的异化）、他人的异化。马克思对人的一些刻画似乎对人的本质提出了一种目标导向的或目的论的解释。人的本质是对人在克服了异化之后未来本质上是什么样子的刻画。然而，马克思对人的本质的一些论述强调了现在至少部分存在于人的属性。马克思强调，人是能动的、以实践为导向的、能改变环境的存在。这种能动性主要通过人的劳动来表现，人通过劳动来改造他们的世界。这种劳动在没有异化时是有创造性和令人满足的。马克思在他后来的著作，比如他去世后由恩格斯出版的《资本论》第三卷中，似乎在这方面有所退缩。他嘲笑空想社会主义者认为劳动可以转化为娱乐，他声称永远会有必要劳动的剩余，这仍然是不自由的。阿伦特批评了马克思劳动概念的模糊性（见下文关于阿伦特的一节）。

马克思与后来许多作者（如埃吕尔、芒福德、海德格尔和阿伦特）不同的一个主要方面是，他并不认为物理技术会必然导致异化和现代世界的问题。对马克思来说，资本主义才是问题。马克思是资本主义的理论家，而不是像圣西门、孔德和技治主义者那样是工业社会的理论家。马克思认为，主要问题是资本主义发展出来的技术类型以及资本主义制度下技术对劳动纪律的运用。

然而，马克思关于技术和资本主义对剥削和异化的各自责任的观点还有进一步的模糊性。在《资本论》中，马克思区分了技术分工与社会分工。技术分工是对工厂使用机器的性质所强加的工作任务的划分，而社会分工则是资本家实行的分工，目的是通过把计划、决策和关于整个生产系统的知识集中在工头办公室来控制工人。因此，工人缺乏对生产过程的认识和控制，否则他们会认为自己也可以运行它。20世纪后期，许多马克思主义者，比如哈里·布雷弗曼（Harry Braverman, 1974）和斯蒂夫·马戈林（Steve Marglin, 1974）的分析，大都集中在技能和知识从工人向管理者的转移上，英国学者称之为"降低技术性"（deskilling）。然而，很难在纯粹因为生产需要而产生的分工和因为控制工人的需要而产生的分工之间进行划界。

恩格斯晚年在《论权威》一文中反对无政府主义者，认为技术本身就使劳动纪律变得必要（Engels，1874）。事实上，技术本身产生了"一种独立于所有社会组织的真正的专制主义"。在回应无政府主义者对工人自治的要求时，恩格斯不再考虑比现在更少专制的所有其他技术和其他工厂组织形式。列宁用恩格斯的文章来证明苏联工厂纪律的合理性。列宁赞扬了美国"时间动作研究"的倡导者弗雷德里克·泰勒（Frederick Taylor），甚至声称泰勒的学说对社会主义至关重要。因此，认为"社会是一个大工厂"（圣西门语）的列宁，把对工人微小动作的非常乏味的控制与社会主义解放联系了起来。

20 世纪后期的马克思主义更多是在上述布雷弗曼和马戈林的传统中设想了不同形式的工厂组织和技术的可能性，以使劳动控制变得不那么专制。布雷弗曼指出，可以用各种计算机监控来监督、惩戒和加速白领的工作。

刘易斯·芒福德反对把人主要定义为工具制造者

一些思想家认为当代技术主要是一种祸害，而不会带来幸福。美国学者芒福德、德国哲学家海德格尔和阿伦特都反对把人理解为工具制造者、劳动者和技术动物，反对把人刻画成语言的、创造符号的生物。

芒福德是一位论述美国建筑和世界城市以及一般技术的多产作家。作为一位从未长期担任学术职务的独立知识分子，他从事的跨学科研究结合了技术史、哲学、文学艺术批评、人类学和社会学等领域。部分受到冷战中核僵局和核战争威胁的影响，芒福德从 20 世纪 30 年代对当代技术更正面的评价（Mumford，1934）转变为 20 世纪 60 年代更负面的评价（Mumford，1967）。虽然批评人士称他反技术，但他自称在倡导一种更加去中心化的人本主义技术。他将主导形式的技术称为专制技术，与中央集权、自上而下的组织和压迫相联系，与之相反的是他所谓的民主技术，即带来解放的、肯定生命的技术。芒福德是苏格兰生物学家帕特里克·格迪斯（Patrick Geddes）的追随者，后者在 20 世纪初用生态方法来研究城市。他们提倡区域规划，将城市与乡村环境融为一体，并倡导园林城市（将绿地与城市建筑相混合）。芒福德的思想是生态运动、生物区域主义和适用技术运动的先驱，并与之有许多相似之处。

芒福德将国家兴起之前的人类社会想象成肯定生命的和平等主义的。女性集中参与食物的收集和储存。他认为，从大猎物狩猎到定居，从而转向新石器时代的生活引出了一种合乎愿望的条件。由女性设计的技术，如篮子和陶器，对于支撑人类集体至关重要。子宫似的容器和洞穴与阳具似的矛和箭一样重要。工具虽然被使用，但并没有支配人类生活的其他方面。人体、它在舞蹈和仪式中的作用，以及作为身体绘画、身体穿洞艺术和身体装饰的对象，是展示创造力的一种重要手段。芒福德声称，初民最重要的"工具"就是人体。

芒福德认为，人类思想的审美和隐喻方面是初民进步的首要来源。不同于把日益抽象和理性当作人类进步的关键，芒福德指出，尽管存在危险，但梦境生活（dream-life）及其对形象与观念的每每疯狂的联想才是初民创新的源泉。他认为，澳大利亚原住民的"梦创时代"（dreamtime）代表了初民文化进步的源泉。

芒福德认为，过分强调用工具来理解人的本质，促使人们认为人的本质受技术主导。他本人声称，最早的"机器"并不是由木材或金属制成的，而是由大量为工作而组织起来的人组成的。最早的文明会致力于建造巨大的建筑或灌溉系统。埃及的金字塔、中国的长城、两河流域（现在的伊拉克）的运河、中国的防洪大坝，都是早期文明中巨大建设努力的例子。统治这些最初文明的是一个等同于神明的国王，以及一个拥有秘密知识的神职阶层，比如古埃及、中国和两河流域的天文学家–祭司。许多这样的国家，比如早期的埃及人和亚述人，都参与了残酷的征服，并建造纪念物来彰显其神圣统治者的无上权力。芒福德称第一台机器为"巨机器"（megamachine，见第 2 章对无工具技术的讨论）。

芒福德声称，20 世纪的社会要比 19 世纪更去中心化的、更具竞争力的市场社会更像最初的文明，因其极权主义国家拥有专制独裁者，甚至在民主国家，福利官僚机构和庞大的军工复合体也拥有科学家和国家安全专家（而不是神职人员）的秘密知识。他把现代核武器战争和战争专家以死亡为导向的计算比作古代帝国的神王征服者威胁竞争国家时的自吹自擂。

麻省理工学院的核工程师阿尔文·温伯格（Alvin Weinberg，1966）写到，需要一个"核祭司"，并需要在核废料储存区建造巨大的纪念物（温伯格建议将金字塔作为可能的模型）以警示后代。这当然符合芒福德把 20 世纪的美国看作现代版本的埃及法老的观点。芒福德还将美国和苏联这两个冷战时期的核超级大国比作像古代亚述那样的侵略性秘密军事帝国。他将他最后一部巨著的第二部分命名为"权力五边形"（"The Pentagon of Power"），这个标题利用了五边形在巫术中的作用，以及作为美军行政中心的名称。对芒福德来说，把科学家称为"新祭司"（Lapp，1965），把核战略家称为"末日巫师"（Kaplan，1983），在书名中不仅仅是空洞的隐喻。奥古斯特·孔德以其设计的祭司科学家的技治主义制度，乐观地期待着芒福德所认为的一个负面的、以死亡为导向的军工复合体及其科学顾问和发言人（见第3章对孔德的讨论）。

芒福德希望积极回到某种与新石器时代狩猎—采集祖先们肯定生命的技术更接近的东西。他设想用一种更加去中心化的技术，即"民主技术"，来取代今天中央集权的官僚技术。他认为，将以工具为中心的人的本质观念降级，促进把人理解成符号性的动物，是对这一转变的理论贡献。在芒福德看来，人主要不是制造工具的动物，而是符号性的动物。

马丁·海德格尔

哲学家马丁·海德格尔可能是20世纪德国最具影响力的哲学家。他很早就被亚里士多德关于理解存在的问题打动。他把对最早的希腊哲学家那里古典存在问题的关注，与对索伦·克尔凯郭尔和弗里德里希·尼采等19世纪存在主义哲学家对人的焦虑体验和人类状况的洞察相结合。利用人的生存观念和解释学或意义诠释，海德格尔吸收并极大地修改了他的老师埃德蒙德·胡塞尔的现象学方法（见第5章）。海德格尔的哲学进路使他拒绝了以亚里士多德的方式来定义人的本质的传统努力，或者像早期现代哲学家那样主要通过心灵或心灵实体来描述人，但他的确试图描述人的境况。

海德格尔将作为意义领域或"存在的家"的语言与技术领域进行了对比。对海德格尔来说，技术是我们这个时代的首要特征，它取代了以往时代所特有的生物生长、艺术创造或神创的观念。至少从柏拉图时代开始，西方哲学的发展一直是一条通过现代技术统治世界的轨道。

海德格尔认为，尽管技术对当今时代和西方存在的命运至关重要，但从根本上说，人并非制造工具的动物。此外，人也不是"理性的动物"。事实上，人不是动物，如果以人的进化及其动物理性为基础，对人的描述就会失败。在海德格尔看来，动物缺乏人的世界开放性（world-openness）和世界建构性（world-constructing）。由于动物没有完全意义上的语言，所以无法理解世界和事物。海德格尔拒绝接受亚里士多德关于人是理性动物的定义，但有趣的是，他关于人手在意识中的作用的论述类似于亚里士多德。正如亚里士多德拒绝接受阿那克萨戈拉所说的思想因手的发展而演化，并声称手的存在是为了思想（见上文），海德格尔也声称，人手以动物爪子所不具备的方式揭示事物。劳动、工具使用和工具制造只在动物缺乏的语言环境中发生。工具甚至人手并不像麦克卢汉等人所说的那样是人的"器官"。工具本身是非历史的，人手是揭示性的，也就是说，它们揭示了人的世界。

起初有人指出，海德格尔认为技术时代的解决方案是一种与技术的审美关系，在这种关系中，技术将与艺术融为一体（Zimmerman，1990）。后来，他似乎认为，解决方案在于用我们获得一种与技术的"自由关系"来取代我们与技术的"束缚"关系。至于这种自由关系究竟是什么，则一直是海德格尔的追随者和评论者争论的问题。

在海德格尔早期的思想中，传统农民文化（手工业和农业）的富含意义的经验与现代技术态度形成了对比。当代美国技术哲学家阿尔伯特·鲍尔格曼指出，海德格尔所推崇的乡村和复古的相关内容可以用当代生活中的"焦点经验"和集体庆祝来取代，比如准备一顿饭或慢跑。在鲍尔格曼看来，这些有意义的焦点经验应该是我们价值的核心，只有通过技术手段才能发挥作用（Borgmann，1984）。

德雷福斯认为，当人们认识到我们沉浸在对存在的技术理解之中后，不仅不拒斥技术，而且包括非技术的、传统的或集体的实践和态度的新态度和新取向就成为可能（Dreyfus and Spinosa，1997）。这种理解或"释放"并不足够，但却是接受其他态度的必要前提。德雷福斯以日本为例，日本对技术的接受与传统文化实践共存。芬伯格也使用了日本这个恰当的例子（Feenberg，1995，Ch.8、9）。德雷福斯还提到了伍德斯托克（Woodstock）摇滚音乐节（诚然，它改造社会的雄心壮志失败了），在那里，音乐放大技术被用于培育一个共同体。在这篇文章中，德雷福斯也赞同海德格尔的主张，即需要用沉思来取代计算思维。

德雷福斯和斯皮诺萨（Dreyfus and Spinosa，1997）比德雷福斯较早的文章更远离鲍尔格曼，他们用技术导致的自我的去中心化或多元化来描述与技术的"自由关系"。他们提出了海德格尔"自由关系"的一种后现代版本，声称我们可以生活在由技术提供的多个地方"世界"中（见文本框6.3）。他们使用了雪莉·特克尔（Sherry Turkle）《屏幕上的生活》（*Life on the Screen*，1995）中的例子，描述了互联网聊天室用户连续采用的多重身份。他们还谈到了摇滚乐队和技术研究小组成员的临时加入和创造性强化，以及后来成员的离队和加入其他小组。

批判理论家、法兰克福学派的追随者安德鲁·芬伯格（见下文和第4章对哈贝马斯的讨论）批评鲍尔格曼、德雷福斯和斯皮诺萨在解决对技术的容忍问题时过于理想主义。他们认为解决方案在于以一种新的态度，在于用其他集体形式的生存来补充技术生存，但他们从未提出重新设计技术本身。技术对环境、军事和劳动纪律的影响仍将存在，只是要通过允许一种不同视角的亲密行为或集体行为来补充。（公平地说，德雷福斯在他之前那篇文章中确实指出，应当继续研究技术对环境的危害，但不如改变基本态度重要。）

在海德格尔之后，鲍尔格曼等人强调了非技术的意义经验，它有助于使我们不会无意识地被技术吞噬，而德雷福斯等人则强调后现代的自我能够利用技术资源从任何预定的刻画中解放出来。海德格尔本人的观点似乎介于鲍尔格曼相当本质主义的、强调非技术的、狂喜的、焦点式的顿悟与德雷福斯完全不受约束的、无根的自我转变之间。

汉娜·阿伦特论工作、劳动和行动

德裔美国人汉娜·阿伦特是马丁·海德格尔的学生和情人。作为犹太人的她逃离了纳粹德国，最终定居在美国。她对现代社会的研究深受海德格尔及其关于技术的现代支配地位的观点影响。也许比海德格尔和芒福德更悲观，阿伦特对现代技术的前景完全持负面看法。海德格尔暗示了一种新的技术态度，它将允许我们使用技术，同时将我们从技术的支配中解放出来。芒福德提出了另一种乌托邦式的、去中心化的生物技术和民主技术。然而，阿伦特并没有为技术社会的未来改进提供这样的希望。

阿伦特把她 1958 年的著作称为《人的境况》（*The Human Condition*）。她讨论的是人的境况而不是人的本质，部分是因为海德格尔的影响。和海德格尔以及本章开头提到的那些存在主义者一样，她拒绝接受亚里士多德关于一种与生俱来的、不可改变的人的本质的观念。她还认为人的本质必定是一个基于神学的概念，因此她拒绝接受这个概念，因为她的观点不以宗教为基础。阿伦特的博士论文是《奥古斯丁的爱的概念》（*Der Liebesbegriff bei Augustin*，1929）。然而和海德格尔一样，她追随尼采，认为犹太教–基督教是过时的。

阿伦特对比了她所说的劳动、工作和行动。在这种区分的背景下，她声称马克思的劳动概念是模糊不清的。一方面，在马克思看来，非异化劳动具有创造性和积极意义。劳动创造了人的世界和环境。对马克思来说，劳动是个人创造性的"赫拉克利特之火"。另一方面，劳动又是繁重和累人的。《资本论》中描述的劳动是剥削和非人化的。在《德意志意识形态》中，马克思甚至以"消灭劳动"的主张结束了主要部分。阿伦特认为，马克思有两种截然不同的劳动。她还认为，当劳动与政治行为是非常不同的活动时，马克思往往将政治革命活动和创造性实践与作为创造性活动的劳动混为一谈。

阿伦特注意到，希腊语、拉丁语、法语、德语和英语中都有"工作"（work）和"劳动"（labor）这两个词，通常可以互换使用。她指出，工作和劳动都可以表示过程。然而，"工作"（比如"一件艺术作品"）是一个实物，而"劳动"（比如大力神赫拉克勒斯的一项苦差）则是一种活动。利用这种差异，阿伦特用劳动来指一种与工作不同的活动。劳动是纯粹的过程，而工作最终是一件人工制品。

在阿伦特的用法中，劳动也不是永久性的产品，而是每日重复的生命维护活动，主要是家庭维护，包括准备食物、清洁和洗澡。劳动是人和动物在寻找食物时必须发挥的生物功能。与行动不同，劳动并非一劳永逸地建立某种东西，而是必须不断重复。在古希腊，妇女和奴隶在家里劳动。阿伦特对古希腊公共与私人的对比做了很多研究。古希腊的妇女（除了艺伎、演员和妓女）被限制在家里，并不参与公共领域。（非奴隶的）自由人会把时间花在市场、法庭和集会等公共场所。阿伦特并非女性主义者，但她之后的女性主义者在很大程度上利用了公共男性与私人女性之间的二分，通常没有赞扬阿伦特，也没有提到更为晚近的可能借鉴了阿伦特的其他女性主义理论家。

阿伦特还利用 labor 的另一个义项来指"分娩"。在《圣经·创世记》（3:16、19）中，神把亚当和夏娃逐出了伊甸园，因为他们吃了分别善恶的知识树上的果子，神罚夏娃要承受分娩之苦，与亚当的体力劳动之苦类似。（阿伦特这里的一个不一致之处在于，分娩劳动确实创造了某种全新的东西、一个新人，但繁殖也是人和所有动物共有的东西。）

阿伦特指出，拉丁词"劳动的动物"（*animal laborans*）将劳动等同于一种不完全属于人的活动。与劳动不同，工作则是人特有的追求。工作产生实物，构建世界。劳动产物会被消费掉（如食品），而工作产物却能持久。工作产生的对象是客观的和公共的。工作是制作或制造事物的活动，比如在手工艺中，是自由工匠的特殊领地（尽管奴隶也受雇从事手工艺）。阿伦特认为，作为制造即生产持久实物的工作存在于古代和现代早期世界，但在 20 世纪基本上消失了。艺术家和个体工匠仍然在先进的工业社会从事制造，但这往往是雅皮士的奢侈品。工厂的装配线工人和办公室的数据输入员，绝大多数不再在这种意义上工作或制造。

阿伦特认为，行动的主要特征是在公共领域或政治领域演说。

和劳动一样，它也不产生永久的物质产品，但却是最高形式的人类活动的真正特征。在录音机和照相机出现之前的世界里，即使是最雄辩的演说在发表之后也会立即消散。然而，与劳动相反，行动具有真正的创造性。演说和政治行动创造和建立全新的事物、政策和制度。同时，创造这些新事物的政治行为和演说行为是短暂的、非永久的。

在阿伦特的术语中，马克思错误地把工作和行动都归结为劳动。阿伦特声称，在现代世界，真正意义上的行动几乎消失了。希腊广场和会堂的真正具有参与性的讨论已经被政治宣传取代。圣西门（见第6章）曾把艺术家称为"精神的工程师"，斯大林对此做了效仿。此外，埃吕尔写了一本名为《宣传》（*Propaganda*，1962）的书，将宣传视为一种技术形式而不是传播形式，它主导着政治和大众媒体（见第2章和第7章对埃吕尔的讨论）。同样，古希腊意义上的政治，即公众积极而直接的民主参与，也几乎完全消失了。直接参与对于小城邦来说是合适的，但大国至多是用代议制取代了参与。大众媒体和官僚主义甚至破坏了这种不那么直接的民主。在现代世界，只有在政治革命的初始阶段，才会短暂地出现参与式民主和真正的行动。西欧革命中的工人委员会和苏联最初短暂繁荣的苏维埃都包含阿伦特意义上真正的参与式民主和行动。然而在西欧，旧政权的势力粉碎了工人委员会，而在苏联，工人委员会也完全失去了参与性。

人作为行动的、会说话的动物，几乎已经完全被人作为劳动的动物取代。同样，根据阿伦特的说法，现代世界的工作范围已经大大缩小。工作已经变成劳动，因为在现代工厂里，单个工匠的熟练活动已经被在装配线上重复生产产品的零件取代。生产单个零件或重复进行单个动作的工厂工人常常并不了解整个产品的结构，也不能以创造而自豪（对这方面的经典喜剧描绘是查理·卓别林的无声电影《摩登时代》[*Modern Times*，1936] 的开场，卓别林在一条加速的装配线上工作而精神发狂）。计划报废是指为产品设计有限的使用寿命，令产品在一定时间后报废。因此，装配线以及可互换的零件和生产一次性物品的工厂工作，更像阿伦特所说的劳动（重复性的、没有可见产品的），而不是更像对物品的手工艺生产，这些物品被工匠看成个人产品。

　　阿伦特对人类前景的悲观看法将马克思的"自然的新陈代谢"凸显为一种对动物般的前人类状态的回归。亚里士多德曾开玩笑说，如果织布机能自己编织，我们就不需要奴隶了。他没有设想过现代机器和动力织机。但阿伦特声称，实际上并不是技术通过自动化所允许的教育和闲暇产生了"没有奴隶的雅典"，而是我们沦为"没有雅典的奴隶"；在这个世界里，通过对机器的奴役，每个人都是她那个意义上的劳动者，闲暇堕落为大众文化，缺乏雅典的高级文化（Robins and Webster，1990）。

哈贝马斯论工作与人的本质的关系

　　另一位德国哲学家、法兰克福学派批判理论的第二代学者（见第 4 章）哈贝马斯，将交往行动与工具行动进行了对比。他先是批评和试图重建马克思的观点，并做了很大修改。哈贝马斯反对工作和技术的首要性，并将这种首要性（并不完全准确地）归于马克思，而它在大多数"正统的"苏联马克思主义中都存在。他认为马克思主义忽视了意义交往的自主角色。哈贝马斯最终持有一种技术劳动与交往行动的二元论或二分法。他并没有在其后来的作品中明确提出一种关于人的本质的传统理论，而是在早期出版的作品中谈到了"普遍具有的能力"（species-wide capacities）和类似的概念。他未发表的关于谢林的博士论文曾与人的一种进化理论角力，但并未涉及现代达尔文主义的自然选择。然而，他最近关于生物技术的著作假设了一种简单化的基因决定论的真理性，它与一种反科学的"旧人文主义"相抗衡（正如他假设了一种马列主义的机械论劳动观，以便用其交往理论来补充它）。拥有生物化学学位的生物哲学家伦尼·莫斯（Lenny Moss）最近批评了哈贝马斯的早期进化人类学，并试图通过关于遗传与环境之间关系的现代非还原论来复活它（2004a、b），其中使用了莫斯《基因不能做什么》（*What Genes Can't Do*，从第 5 章讨论的德雷福斯《计算机不能做什么》那里借用的标题）中对还原论的遗传决定论的批评。

与海德格尔、芒福德和阿伦特一样，哈贝马斯也反对技术的首要性，但他认为技术在描述人的生活方面与符号交往同等重要。哈贝马斯认为，他关于人的本质的交往方面与阿伦特的行动概念相似。

哈贝马斯在其《认识与兴趣》（*Knowledge and Human Interests*，1970）中提出了"构成认识的兴趣"或"引导认识的兴趣"的理论。这些"理性的兴趣"潜藏在理性的不同形式和功能背后，并且是其动力。它们是对操纵和控制自然的兴趣，对交往和理解意义的兴趣，以及对自由的兴趣（解放的兴趣）。工作和互动是与特定知识形式相关的两种主要活动。哈贝马斯将实证主义哲学等同于一种暗中使技术操纵的兴趣成为理性的唯一兴趣的立场（见第 3 章关于孔德早期实证主义和第 1 章关于逻辑实证主义的内容），而将解释学等同于一种只专注于交往兴趣的哲学。他声称，一种令人满意的哲学需要结合这两种进路，需要处理因果性和意义。

在哈贝马斯后来的《交往行动理论》（1987）的术语中，工作包括与手段—目的活动有关的工具行动。哈贝马斯认为，工具行动是自然科学和技术的典型特征，而交往行动包括语言、符号活动和诠释。交往行动存在于直接经验的生活世界（日常会话）以及民主政治的辩论和讨论中。根据哈贝马斯后来的著作，技治主义试图以技治主义的权威和对人类问题的技治主义思维方式"对生活世界进行殖民"。也就是说，以前由非正式的面对面交往和传统知识所组成的领域，被所谓社会科学专家的干预所取代（Habermas，1987）。教育和家庭生活受到社会科学家和社会工作者的影响，并由技治主义者从私人领域转移到国家干预和社会工程领域。哈贝马斯认为，马克思和马克思主义错误地试图将交往行动归结为工具行动，使工作成为社会重组的关键，并且淡化政治的交往维度。

哈贝马斯显然希望把工具—技术的维度和符号—交往的维度都作为对人的刻画的一部分。因此可以认为，他的立场是关于人的本质的工具制造理论和语言理论之间的折中，不过他强调工具制造理论（工具理性）不足以完全理解人类社会（他将这种进路归于马克思）。与海德格尔、芒福德和阿伦特不同，哈贝马斯并不拒绝将制造工具和技术视为人的典型特征，而是将它视为人的两种（或三种，在他之前的著作中还包括"解放的兴趣"）"同等源始的"（equiprimordial）物种特征之一。

结　语

关于技术在人的本质理论中的地位一直存在争论。早期希腊哲学家阿那克萨戈拉声称，用手操纵周围环境会使心灵成长。然而，柏拉图、亚里士多德和接下来 2 200 年的大多数传统都认为，理性的、沉思的和精神的心灵是人和人的本质的典型特征。亚里士多德声称，人本质上是理性的动物。

在 18 世纪末和 19 世纪，本杰明·富兰克林等人重新强调行动而非沉思，声称人是使用工具的动物。马克思强调用工作和技术来理解人类历史和我们的现状。恩格斯则进一步将人描述为劳动的动物和工具制造者。

20 世纪的许多哲学家拒绝接受人本质上是工具制造者，以及技术是人类进化的关键。20 世纪哲学认为，理解理性的关键在于语言和符号体系，而不在于心灵。芒福德、海德格尔和阿伦特等思想家强调语言和制造符号，而不是柏拉图或早期现代哲学所说的那种传统的心灵或心灵实体。一些人之所以强调，理解人类特殊地位的关键是语言和意义，而不是技术，部分动机在于对一般技术（或者在芒福德那里，至少是迄今为止存在的技术）的悲观态度。

富兰克林和恩格斯等技术乐观主义者认为，工具是人的特殊品质的关键。技术悲观主义者则声称，使人变得特别的是语言而不是技术，技术甚至抑制和降低了人类交往和相互理解意义的特殊能力。马克思本人（与恩格斯和技术决定论的马克思主义者相反）和哈贝马斯等思想家，希望同时强调技术的解放能力和压迫能力，他们以人的最高的能力把人刻画成不仅是积极的、劳动的生物，而且是参与创造性政治行动或交往的生物。

研究问题

1. 你认为人的制造工具和语言同动物的制造工具和动物交往

是一个定量连续体的一部分，还是看到人与动物的能力之间存在着一种质的断裂？

2. 制造工具或语言，哪一个对于人的本质更基本？你自己的判断是什么？

3. 如果把异化劳动与非异化劳动区分开来，那么阿伦特关于马克思有不止一个劳动概念或模糊的劳动概念的说法还有效吗？

4. 人制造工具的递归性（生产工具以制造工具，以制造工具……）显示出了与动物制造工具的真正区别，还是发现动物制造工具使人不再能被刻画为工具制造者？

5. 从工业时代过渡到后工业时代或信息时代之后，阿伦特对工作、劳动和行动的分析在计算机化的工厂中是否仍然适用？互联网是否重塑了阿伦特声称在现代世界中消失的政治空间？

6. 信息技术和电子通信的兴起是否破坏了哈贝马斯关于工具行动、技术行动和交往行动的区分？如果是，那么是如何做到的？考虑一个以生产信息而不是实物为中心的社会。这是否模糊了行动与工作之间的区别，还是信息仅仅成了另一种人工制品？

第 9 章

妇女、女性主义和技术

女人事，做不完

前几天我看到一个男人，

像土耳其人一样野蛮，

他在抱怨他的妻子

说她没在工作。

他说：你这个懒鬼！

你必须承认错误；

因为我厌倦了让你无所事事。

这个女人回答说：

我的工作和你一样努力，

我把清单从头到尾读一遍，

让你看看女人要做的事。

所以，男人们啊，如果愿意，

不要这样对你们的妻子发牢骚；

因为男人无法想象女人要做的事。

——莱斯利·尼尔森·伯恩斯

（Lesley Nelson-Burns，约 1850 年）

女人的地位有问题。

　　　　　——詹姆士·瑟伯（James Thurber，约 1950 年）

　　女性主义技术哲学是女性主义哲学更大的运动和项目的一部分。女性主义哲学始于应用伦理学（Alcoff and Potter，1993），在应用伦理学中，最明显的是关于堕胎、育儿、性别歧视语言的性别问题，以及关于男性的权力和支配地位的一般问题。然而，随着女性主义哲学的发展，女性主义哲学家开始讨论认识论和形而上学中的基础问题。20世纪70年代，作为所谓第二波女性主义（第一波是争取妇女的选举权）的一部分，女性主义科学技术哲学兴起，出现了伊夫林·福克斯·凯勒（Evelyn Fox Keller）、唐娜·哈拉维和桑德拉·哈丁（Sandra Harding）等学者。认识论的女性主义进路常常与标准的实证主义、客观主义和技治主义进路形成对比和对立（见第 1 章和第 3 章）。

　　20 世纪下半叶的一些哲学倾向被女性主义认识论者和科技哲学家所利用、发展和扩展。对逻辑实证主义以及以心理和社会为导向的后实证主义哲学比如托马斯·库恩（以及斯蒂芬·图尔敏、保罗·费耶阿本德和迈克尔·波兰尼）哲学的批评，为女性主义哲学家开启了与科学中的社会心理偏见有关的问题和话题（Tuana，1996）。同样，最终被美国哲学吸收的欧陆哲学的现象学和解释学进路，也为女性主义者将语境、个人情感和社会情境的作用引入科学哲学提供了一个入口。生态运动以及之前德国和英国的浪漫主义哲学批评对技术进步不加批判的赞扬和对完全控制自然的未来学幻想（见第 11 章），为女性主义者指出支配自然的态度的男性方面开辟了道路。一些女性主义者利用了对于超然观察者概念的实用主义和存在主义批评，以及托马斯·内格尔（Thomas Nagel）

所谓"本然的观点"（view from nowhere），来批评科学技术客观性的概念（Heldke，1988）。蒯因从实用主义角度批评了对理论的决定性反驳这一概念以及科学中关于经验真理与定义真理之间的截然区分，致使一些女性主义认识论者拒绝接受知识论的整个基本进路，这种进路将知识建立在个人认识者对无可置疑的真理的直观把握上（Nelson，1990）。

有若干技术研究领域与妇女有关，其中包括：（1）妇女对技术和发明的贡献被普遍忽视了；（2）技术对妇女的影响，包括家用技术和生殖技术；（3）关于技术和自然及其在社会中作用的性别描述和性别隐喻。

妇女对技术和发明的贡献

一个研究领域是，妇女对技术和发明的贡献往往被低估。从史前食物的收集和储存，到 COBOL 商业计算机语言的发展，妇女对技术做出了重大贡献（Stanley，1995）。然而，被归类为技术的东西经常使论述偏向于排除或淡化女性的贡献。即使是最雄辩、最有影响力的美国技术系统史家，他最近的研究也几乎不包含女性（Hughes，2004）。

例如，20 世纪 60 年代的人类学在"狩猎的男人"理论中找到了一种统一的现代智人发展理论。大猎物狩猎被认为对于人类智力的发展和社会合作至关重要。由于男人在大猎物狩猎中占主导地位，这意味着男人对社会进步负有责任。正如露丝·哈伯德（Ruth Hubbard，1983）在另一个语境下反问的那样："只有男人进化了吗？"20 世纪 70 年代末，在女性主义的影响下，一些女性人类学家提出了"采集的女人"理论，以强调妇女对粮食供应的贡献。其中一些论述指出，对于一般的营养补给来说，采集植物、坚果、种子以及捕捉小猎物要比偶尔的大猎物狩猎更重要。

刘易斯·芒福德曾经指出，将技术等同于机器和武器过度强调了男性在发明中的作用，而容器和存储技术的重要性往往被忽视（我们在第 8 章讨论动物技术时指出了这一点）。芒福德指出，尽管在运输装置中，腿的延伸得到了强调，在发射装置中，手臂的延伸得到了强调，但一种假正经使技术史家忽视了作为储存或孵化装置的乳房和子宫的延伸（Mumford，1966，pp.140-142；Rothschild，1983，p.xx）。在中世纪，作为女性工作的一部分，手推磨的发明将曲柄引入了机械学（White，1978）。

在最近的几个世纪里，伏尔泰声称妇女并不是发明家（Stanley in Rothschild, 1983, p.5），这一假设导致女性发明家的故事被忽视、掩盖或误解。通常认为，如果妇女做出了某种发明，则它就与"妇女的工作"即家务有关。一位设计河坝的女发明家的专利申请竟然被错误地解释为厨房水槽中的"水坝"设计！与文学等其他领域一样，妇女的生产或发明被归功于她们的丈夫。凯瑟琳·格林（Catherine Green）对发明伊利·惠特尼（Eli Whitney）轧棉机的贡献，就是一个备受争议的著名例子。格林可能建议用刷子来去除粘在筒齿上的棉绒（Stanley, 1995, p.546）。艾米莉·达文波特（Emily Davenport）为托马斯·达文波特（Thomas Davenport）的小型电动机做出了至关重要的贡献。在麦考密克（McCormick）发明机械收割机之前，安·哈内德·曼宁（Ann Harned Manning）和她的丈夫威廉·曼宁（William Manning）共同发明了一种机械收割机，但人们普遍认为这是丈夫威廉发明的。

技术及其影响，特别是对妇女的影响

家用技术和生殖技术是对妇女产生最明显影响的两个领域。

家用技术

20 世纪的许多机械发明都改变了家务的性质。洗衣机、真空吸尘器、燃气灶、电炉和微波炉以及冷冻食品就是例子。室内管道和汽车对家务劳动和时间分配也有很大影响。

令人惊讶的是，这些家用设备的引入并没有缩短家务劳动者和母亲花费的时间（Cowan，1983）。对于上流社会的女性来说，仆人使用的减少与洗衣机、吸尘器和烤箱更高的效率相抵消。对于不太富裕的家庭主妇来说，这些家用设备效率的提高增加了产出，但并没有减少工作。与手洗相比，洗衣机节省了时间和精力，但对雇佣的洗衣工和专业洗衣店的使用都减少了。洗衣机更高的效率也使人们更频繁地换衣服，从而更频繁地洗衣服。真空吸尘器使房屋更加清洁，但在 20 世纪 50 年代的郊区扩张时期，房屋的规模扩大了。有更多的地方需要清理。例如，衣服和房子都要干净得多，但打扫房子和洗衣服更加频繁、量更大。新的烤箱、预加工食品和冷冻食品缩短了烹饪时间，但其他活动取代了它。此外，许多与烹饪和清洁食物有关的体力劳动和明显需要技能的活动消失了，往往导致丈夫对其配偶所做家务的尊重有所下降。至少在20 世纪 50 年代，一个流传甚广的神话是，家庭主妇几乎无事可做。

汽车的出现改变了家庭主妇的活动。以前，牛奶、面包、冰和大多数杂货都被送到家门口，医生也会上门拜访。随着汽车的使用，去商店和去看医生的次数越来越频繁。汽车系统的发展间接导致了郊区扩张、购物中心和超市增长、本地夫妻店减少，所有这些都增加了购买食品所需的出行量。公共交通的衰落部分源于汽车占主导地位，也意味着对汽车的交通需求更大。运送儿童参与各种活动花费了很多时间。

在（过去所谓）"真实存在的社会主义"（actually existing socialist）或苏联模式的东欧国家，虽然家用技术在过去 30 年里有所改进，但对于"社会主义解放了妇女吗"这个问题，回答似乎是一个有条件的"没有"。在苏联，虽然妇女很早就从事全职工作，但其配偶也期待她们承担所有的家务。早期曾有一些集体洗衣做饭的试验，但都不够广泛或持久，无法减轻妇女的负担（Scott，1974）。

在家用技术的发展中，设计者（几乎全是男性）与消费者（主要是女性）之间存在性别差异。中央真空吸尘器在瑞典的销售主要是通过吸引女性用户，但也吸引男性购买者、棉绒清洁工和修理工（Smeds et al.，1994）。英国的微波炉最初是在音响电子商店里出售的一种"令人惊叹的"小玩意。直到后来，它才变成在电器商店销售的普通家用电器。在后一种安置中，销售技巧集中在妇女对复杂技术和对半生不熟的东西导致食物中毒的恐惧上（Ormrod，1994）。

生殖技术

明显影响妇女生活的第二个技术领域是生殖技术。

20 世纪 70 年代初，在第二次女性主义浪潮的最初几年里，舒拉米思·费尔斯通（Shulamith Firestone）在《性的辩证法》（*The Dialectic of Sex*，1970）中提出，只有通过人造子宫将妇女与怀孕和分娩分开，才能实现妇女的完全平等。这种技术解决进路很快被大多数女性主义者拒绝，她们倾向于强调妇女更多地参与和控制她们的怀孕。后来的女性主义者也反对人工生殖技术，她们强调作为男性医生压制女性手段的人工生殖技术的不太理想的方面。

避孕与堕胎技术是关于推迟或避免怀孕的。人工授精、胚胎移植等新的生殖技术都是为了实现怀孕。女性主义者一直关注向妇女提供避孕和堕胎服务，以便妇女能够控制她们是否怀孕以及何时怀孕。女性主义批评者的关注集中于在避孕研究中据称缺乏对妇女健康，以及相对缺乏对男性避孕的化学形式的研究。甲羟孕酮避孕针（Depo-Provera）就是一个例子，它是一种持续三个月的避孕注射。由于无须使用物理避孕或经常吃药，所以它是第三世界妇女、澳大利亚原住民、新西兰毛利人和英国有色人种妇女常用的避孕手段。据称，美国国际开发署向国际计划生育联合会提供资金，向全世界分发甲羟孕酮避孕针。其制造商厄普约翰公司（Upjohn）在新西兰的研究数据被发送到公司总部进行统计分析，并没有公开发布。批评者声称，发表的药物声明淡化了癌症和出血等副作用（Bunkle，1984）。

20 世纪五六十年代，在没有知情同意的情况下对波多黎各贫穷的西班牙裔妇女进行大规模绝育，显然是对第三世界妇女进行直接生殖控制的另一个例子。

一方面，生殖技术的支持者强调，新的生殖技术为妇女提供了更多的选择自由。这些技术包括避孕、体外受精、胚胎植入和基因筛选。预防怀孕的能力、不孕妇女生育孩子的能力，以及筛选和流产具有遗传缺陷的胎儿的能力，都通过扩展的能力和自由选择表现出来。另一方面，批评新生殖技术的女性主义者指出，新的可能性对妇女施加了微妙的压力和限制。不育症妇女应该利用新的生殖技术来生殖。妇女应当筛查和流产"有缺陷的"胎儿。接受堕胎和新技术的人认为，不使用基因筛查或选择生育有基因缺陷的孩子的妇女在道德上是失职的（Rothman，1986）。残疾人权利运动中的批评者也指出，渴望消除"有缺陷的"胚胎显示了社会对残疾人的负面态度。急于流产潜在的残疾人也开始涉及种族、民族和阶级问题（Saxton，1984，1998）。

对新生殖技术持批评态度的激进女性主义者声称，这些技术是大多数男性医生控制男性无法做到的人类行为（怀孕和分娩）的一种手段。在早期社会中，关于妇女的生殖能力有一种宗教神秘感。在文艺复兴时期和现代早期，炼金术士的梦想之一就是用纯粹的化学方法制造出侏儒或小人。这将使男性炼金术士得以完成他们以前无法完成的一项平凡的人类任务。一些女性主义技术理论家将现代生殖技术视为对男性能力和权力这一古老梦想的实现。女性主义批评家认为，当代基因工程和试管婴儿实现了炼金术士的侏儒幻想，比如米沙埃尔·迈尔（Michael Maier）的《逃走的阿塔兰特》（*Atalanta Fugiens*，1617，寓意画 2—5、20，见 Allen and Hubbs，1980）。

迈尔是拒绝接触女性的艾萨克·牛顿最喜欢的炼金术士（Dobbs，1991，n.123），其著作包含着强烈的性冲动和往往厌恶女性的象征意义。他显然也参与了对印第安人的征服。访问英国时，他是计划在美国定居的弗吉尼亚公司至少三名成员的合伙人，其中两名成员将这个项目与炼金术的想法（包括迈尔的想法）联系在一起。迈尔本人的《逃走的阿塔兰特》可能部分受到了对一个弗吉尼亚殖民地的预期的启发（Heisler，1989）。

现代早期，女性助产士被男性外科医生取代，这是生育知识和生育权力拥有者的转变。早期外科医生的接管源于一种简单技术的发展，即 18 世纪 30 年代引入的医疗钳子。尽管在这个早期阶段，外科医生杀死的比治愈的多，而且经常过度使用产钳，给母婴造成损伤，但他们表现出了比助产士更值得尊敬的专家素养（Wajcman，1991）。

后来，包括麻醉药在内的产科技术更加先进和成功的发展，以及分娩从家里到医院的转移，完成了怀孕和分娩的医疗化。怀孕变成了病理学，而不是自然过程和人类生活的一部分。剖宫产手术之频繁超出了必要的程度（有时为了方便医生，医生不必在数小时或数天的分娩期等待）。这连同引产和会阴切开术，导致对怀孕进行管理和控制，以及控制权从母亲和助产士转向男性医生。

在新的生殖技术中，性别选择技术对性别歧视的影响最为直接和明显。由于传统社会对男性后代的评价高于女性后代，所以中国和印度过去一直在广泛选择男性胚胎和流产女性胚胎。

超声成像是显示新技术复杂性和矛盾性的一个领域。虽然这已经成为怀孕医疗管理的常规部分，但一些研究对常规超声成像对改善胎儿和后代健康的价值提出了质疑。超声图像使医生能够掌握比母亲更多的怀孕知识，它还改变了所涉的知识类型。传统上，母亲通过感觉胎动和子宫内的踢腿来感知胎儿。这已经被超声成像的视觉图像所取代。自尼采以来，许多学者都指出，视觉感知是一种比其他感官更超然和"有距离"的感知（Jay，1993）。在过去的几个世纪里，视觉感知被认为优先于触觉和嗅觉等其他感官。视觉与对现代科学世界客观的几何描述有关。母亲对胎儿的感觉是母亲自己身体感觉的一部分，而视觉图像是来自"外部"的形象。注意力集中在屏幕上，而不是母亲的身体上。超声图像所显示的胎儿好像被隔离在空间中，忽略了悬浮于其中的身体介质，给人以胎儿独立于母亲的印象。它们与《2001 太空漫游》（*2001: A Space Odyssey*）最后一幕中漂浮或飞翔的胎儿类似，从而消除了母亲的存在，并将胎儿与高医疗技术而不是人的妊娠联系起来（Arditti et al.，1984，p.114）。

超声波据称已经改变了母亲与胎儿的"内部"和"外部"概

念。一位作者沿着米歇尔·福柯（Michel Foucault，1977）全景监视概念的思路，称超声波是一种"子宫的全景敞视"。在一篇关于超声波的很早的流行报道中，《生活》杂志声称其工作原理"与海军水面舰艇追踪瞄准敌方潜艇的方式完全相同"（1965，转引自Petchesky，1987，p.69)。一位医生在一家主要医学杂志上撰文时，使用了许多培根式的短语（见下文关于隐喻的章节），比如"超声波图的窥视之眼""从黑暗的密室揭开神秘的面纱""让科学观察的光芒落在害羞而神秘的胎儿上"。事实上，他把胎儿称为"再生的病人"（Hubbard，1983，pp.348-349）。反堕胎电影《无声的呐喊》（*Silent Scream*）利用医学成像（图像速度加快，以及巨大的胎儿模型）说服观者相信胎儿是人。美国的几个州已经立法要求寻求堕胎的妇女查看胎儿的超声图像。超声波扫描技术具有许多毋庸置疑的医学优势，可以作为一种手段来呈现"原位胎儿"（现在仅仅将妇女视为一个实验室器皿），就好像独立于携带胎儿的母亲一样。这种成像亦可以是由来已久的男性窥视癖的延伸，女性被物化和去个性化，在这方面类似于色情图像。

工作场所技术和妇女

并不是所有影响妇女的技术都专门针对妇女作为母亲或家庭主妇的传统角色。工业技术已经影响到妇女的职业，一个有争议的例子是打字机与妇女从事文书工作的关系。

20 世纪 20 年代之前，担任秘书角色的主要是女性而非男性，关于这一发展的较早论述往往会作一种技术决定论的解释，将工作性别认同的转变与打字机的兴起联系起来。然而，人们注意到，日本在没有使用打字机的情况下便发展出以女性为主的秘书角色。事实上，美国从事秘书和文秘工作的女性人数的增加始于南北战争时期，比打字机的大量出现早了 15 年左右。打字机作为钢琴和缝纫机的混合体的设计似乎适合女性。妇女从事手工复制的低工资工作，打字机被广泛用于复制。随着速记被用于听写，女性打字员开始接受速记培训，而速记原本是男性领域。随着妇女在秘书学校接受打字速记方面的培训和认证，速记成为妇女的工作。对于小企业主来说，对女助手的控制权带来了一种权威感和威望感。由于女性抄写员及其后的打字员－速记员工资较低，这份工作对男性的吸引力下降了。打字员－速记员角色是受雇于其他文书工作的桥头堡，以至于到了 20 世纪二三十年代，文书工作被重新定义为女性的，而不是男性的（Srole，1987）。

技术是男性，自然是女性：自然与技术的隐喻

存在着一种关于"人与技术"和"人主宰自然"的修辞。一些女性主义作家指出，自然一般被描绘成女性，比如"大自然母亲"或"处女地"，而科学家和技术专家则一般被描绘成男性。这一惯例可以追溯到很久以前。生态学家喜欢把地球称为女神"盖娅"（Gaia），詹姆斯·拉夫洛克（James Lovelock）用她的名字命名了他关于一种自我调节的生物圈的理论，既包括大气等化学物质，又包括有机体。

根据卡洛琳·麦茜特（Carolyn Merchant）等人的说法，随着 16、17 世纪现代早期科学的兴起，地球母亲的地位被降级（Merchant，1980）。这在一定程度上与对自然的开发开始兴起有

关。矿工们对地球缺乏崇敬，将它看成一个无机的、无生命的东西，而不是一个有生命的东西，因此在挖掘和开采时不会受那么多限制。

关于自然的许多早期思想，比如早期希腊自然哲学家的思想，都把物质看成活的（物活论）。然而在 17 世纪，原始形式的机械论观点将物质视为完全被动和惰性的。亚里士多德类比女性把质料视为被动的，类比男性把形式视为主动的，而早期原子论者和机械论者却强调物质是被动的和死的。赫尔墨斯主义传统的思想家认为物质的力量是主动的，笛卡尔等早期机械论者则否认物质有任何主动力量。牛顿意识到，与笛卡尔相反，力是产生一种有效的物理理论所必需的，但牛顿否认力存在于物质中。他声称力是"主动本原"的一种形式。

牛顿在提出力的概念时虽然借鉴了炼金术的思想，但却贬低了物质理论中的女性本原，对与女性的社会接触有一种病态的厌恶。牛顿对他的朋友约翰·洛克很是恼火，拒绝同洛克说话，因为牛顿认为洛克试图让他和女人来往。他的炼金术隐喻之一是"（你的）肮脏妓女的溶剂"。牛顿比其他炼金术士更着迷于"网"（the net），这是一种与网相关的化学物质，火神武尔坎用它将玛尔斯和维纳斯当场抓获（Westfall，1980，pp.296、529-530；Dusek，1999，p.185）。

不仅在物质理论和隐喻中，女性品质遭到贬低或轻视，新自然哲学也被视为男性的。英国皇家学会秘书亨利·奥尔登堡（Henry Oldenburg）主张一种"男性哲学"。皇家学会历史学家约瑟夫·格兰维尔（Joseph Glanville）也要求一种"男子气概"，并主张避免"妇女在实际中"的欺骗（Easlea，1980，p.214）。奥尔登堡不仅倡导一种"男性哲学"，而且要求将"女性要素……排除出"皇家学会的哲学。撰写英国皇家学会早期历史的托马斯·斯普拉特（Thomas Sprat）同样把手工艺知识看成男性的（Keller，1985，pp.54、56；Dusek，1999，pp.128-136）。

弗朗西斯·培根（我们曾在讨论科学哲学时遇到过他，他是科学归纳法的倡导者；也曾在讨论技治主义时遇到过他，他是技治主义的先驱；他也是自然知识在社会繁荣中的价值的鼓吹者）用各种性别形象来描述（男性）科学家与（女性）自然的关系。他使用了婚姻的形象，还使用了偷窥和引诱自然的意象。他将男性的自然研究者同探索秘境和强迫自然吐露她的秘密联系在一起。对培根的引用引起争议最多的一段话是：

> 你只需跟随自然，在她闲庭信步时对其穷追不舍，并将她再次引导和驱赶到同一个地方。当探究真理是一个人的全部目标时，他应当毫不犹豫地进入和穿透那些孔洞和角落。（Harding，1991，p.43）

女性主义作家将这段话与培根将他的作品献给国王詹姆斯一世联系起来，詹姆斯一世曾积极调查和迫害女巫。这段话是臭名昭著的，但还有其他许多性别化的文字将自然当作奴隶和俘获对象来处理（Farrington，1964、pp.62、93、96、99、129、130）。

培根的女性主义批评者认为，男性实验者与自然的关系是一种强行引诱，近乎约会强奸。艾伦·索布尔（Allen Soble，1995）在为培根辩护时，将探究者与自然的关系等同于婚姻，并且指出，婚内强奸在培根时代（以及此后很长一段时间）是合法的。他还声称，没有任何确凿证据表明培根把实验与强奸自然直接联系起来，或者把探究自然与拷问女巫联系起来。然而，上面引用的这段话和其他许多段落表明，培根是在一种性别背景下思考对自然的探究和操纵的。

有人可能会反对这种对现代早期科学技术的隐喻所做的分析，认为这些隐喻对于科学技术本身并非必不可少。实验、自然定律和机械发明都是独立存在的，隐喻只是外在的装饰。然而，在对自然的探究中，男性形象是如此普遍，一直延续到我们的时代，以至于可以说，这些形象和隐喻影响了在科学家和工程师的招募和激励方面起作用的科学技术形象。

伊夫林·福克斯·凯勒（Evelyn Fox Keller，1985）等人运用心理学的客体关系理论（Chodorow，1978），声称科学技术中超然性和客观性的规范本身与男性模型有关。根据客体关系理论，男孩在形成自己的身份时必须与母亲决裂，女孩则不然。缺乏情感而具有超然和客观性的男性刻板印象符合科学的形象。这些流行的科学技术形象影响了该领域的学者招募。由于流行的科学家、工程师形象，具有科学技术天赋的初高中女生不愿从事高等技术学科。这些书呆子形象和对自然挑衅性的控制，与社会鼓励女孩发展的女性人格特征相冲突。女孩们甚至还担心，在技术学科上过高的智力或天赋会使男孩们丧失对她们的兴趣。

戴维·诺布尔（David Noble）在他的《没有女人的世界》（*A World without Women*，1992）中强调，从事中世纪学术的是没有结婚且不应与女性发生性关系的教士和僧侣。学术界是从牛津、剑桥、巴黎、帕多瓦等地的中世纪大学发展起来的，这些大学的学生都有神职出身且均为男性。直到 19 世纪，女性才被主要大学录取。耶鲁大学等许多著名的美国男校，直到 1970 年左右才开始男女同校。直到 19 世纪的俄国和 20 世纪的西欧部分地区，女性才得以在主要大学从事高级工作。当德国哥廷根数学系因为当事人是女性而拒绝接受一位世界顶尖的代数专家时，数学家大卫·希尔伯特（David Hilbert）愤怒地质问："这是大学还是土耳其浴室？"（Reid，1970）对女性的排斥不仅表现在意象和心理上，而且表现在学术科技的制度结构上。

关于隐喻与科学技术的相关性这个问题的争论，涉及实证主义的和后实证主义的科学哲学，以及是仅仅通过硬件或规则来定义技术，还是通过包括社会关系在内的技术系统来定义技术（见第 2 章）。

根据实证主义的观点，科学由理论的形式演绎和观测数据所组成。模型、隐喻和发现的启发性思路并非科学"逻辑"的一部分，而是科学"心理学"的一部分。它们大都在发现的语境下，而不在辩护的语境下。只有后者的解释逻辑和确证逻辑对知识有意义。然而，玛丽·赫斯（Mary Hesse,1966）、罗姆·哈瑞（Rom Harré，1970）和马克斯·瓦托夫斯基（Marx Wartofsky，1979）等科学哲学家认为，模型是科学理论和科学说明的重要组成部分。

科技社会史家和科学知识社会学家都声称，更广泛的社会文化形象和隐喻在接受和传播科学理论方面起着作用。例如，达尔文的自然选择受到了马尔萨斯（Malthus）关于人口过剩的经济学理论（该理论也启发了自然选择理论的独立共同发现者阿尔弗雷德·华莱士［Alfred Wallace］）以及凯特勒（Quetelet）在社会统计方面工作的激励。自然选择理论与竞争性的资本主义自由市场经济理论的相似性有助于接受达尔文主义（Gould，1980；Young，1985）。

一个更具争议性的例子是，原子在空荡荡的空间中移动和碰撞，没有自然上升或下降，这一宇宙模型反映了竞争性的资本主义自由市场经济，取代了中世纪等级分明的亚里士多德主义世界观——在这个世界里，每一个事物有自己的自然位置，等级的层

次 就 是 价值 的 层次（Brecht，1938；Macpherson，1962；Rifkin，1983；Freudenthal，1986）。

同样，对技术的硬件理解也会排除技术的发明者或使用者可能与技术联系起来的、并非技术实际组成部分的意象和文化价值。技术系统对技术的定义包括维护和消耗的社会组织。因此，激励发明者或使技术吸引消费者的形象和隐喻在技术中起着作用。例如，倘若"第二次创造"生命的意象以及由男性科学家和医务人员接管关于人类生殖的权力和奥秘激励了分子生物学家、基因工程师和生殖医生，那它就是这种技术的社会制度和文化的一部分。

科技变迁中的各种女性主义知识论进路

桑德拉·哈丁以一种与技术相关的方式对科学进路进行了分类（Harding，1986）。最接近传统科学知识理论的立场是女性主义经验论。女性主义经验论旨在通过纠正糟糕的科学来改革科学及其技术应用（例如在医学上）。它接受了标准的经验主义甚至实证主义对科学知识本质的解释，声称错误的只是糟糕的科学和关于女性的错误主张。女性主义科学批评大多是针对用关于女性智力低下和缺乏动力的生物学理论来解释女性对科技的缺乏参与。许多关于女性缺乏数学能力的说法据称是基于心理学和脑科学。随着时间的推移，这些说法发生了变化，但成功地维持了女性缺乏抽象推理能力的主张。随着大脑两个半球差异的发现和普及，右脑与直觉和整体把握有关，左脑与语言和形式思维有关，女性（以及一般的非西方人）起初被认为是右脑的、直觉和非逻辑的。这一形象符合流行的刻板印象。当女孩的语言发展明显领先于男孩时，故事就变了。最近的观点认为，女性是左脑的，擅长语言，但现在这被用来对抗女性的抽象能力。据称，数学、空间和几何能力与右脑有关，男孩是右脑的，具有更强的空间能力。这忽视了数学的纯语言的、非空间的领域，比如在逻辑学和计算机科学中。这种进路扩展到极端就是，推测说男性拥有一种女性所缺乏的"数学基因"。这乃是基于学习能力倾向测验（SAT）分数的差异。所谓与性别相关的"数学基因"并无基因证据（Moir and Jessel，1992；Hammer and Dusek，1995，1996）。

据称女性大脑的两个部分之间有更大的结缔组织（脑胼胝体的压部），这一所谓的发现被用来声称女性比男性更难将思想与情感分开。生物学家安妮·福斯托-斯特林（Anne Fausto-Sterling，2000）等人指出，提出这些主张的研究样本小且不可复制。女性主义研究还批评了社会生物学和最近进化心理学研究的科学性，这些研究为女性在抽象或技术领域缺乏能力的说法提供了一个所谓的进化基础。女性主义经验论者认为，诚实和准确地使用传统的科学方法将会削弱针对女性在科学技术方面的偏见。随着女性主义经验论暴露出对人和动物行为的描述中越来越多的偏见，人们开始质疑传统科学方法在多大程度上足以消除性别歧视。如果顶尖的同行评议期刊《科学》（Science）能够发表一篇关于蚊蝎蛉"异装癖"的文章（Thornhill，1979），那么即使昆虫不穿衣服，人们也会怀疑传统的同行评议是否能纠正偏见。

其他女性主义进路声称，我们对科学技术的通常描述需要更实质性的改变。女性主义立场论是一种更加激进的进路。该理论的结构基于马克思主义理论的一个方面。乔治·卢卡奇（Georg Lukács，1885—1971）在其早期著作中声称，在工业生产过程中至关重要但也受到压迫和异化的工人的立场，可以使工人优先获得知识，而这是生活舒适和超然的资本家所无法获得的（1923）。工人作为"有自我意识的商品"，对自我的物化有着资本家或专业人士所不具备的直接的个人洞察力。女性主义立场论也提出了类似的主张，认为女性对于社会再生产至关重要，但却受到压迫。与男性不同的是，男性一般认为这是理所当然的，并未注意到内置于技术社会结构中的性别排斥和性别歧视，女性则被迫意识到对她们的偏见。

库恩之后的科学哲学强调，起指导作用的假设在很大程度上要高于形式理论和观测数据裸函数。范式包括理论的理想和一种自然形象。女性主义者声称，科学技术的刻板形象，比如对自然的控制和操纵（而不是对自然的理解和合作），以及把系统分解和归结为最简单的部分（而不是认识到系统的整体效应和涌现层次），背后潜藏着性别歧视。女性主义立场论认为，女性的处境迫使她们意识到或至少比男性更容易意识到这些偏见。

就像对卢卡奇提出的马克思主义立场论的反驳一样，对女性主义立场论的一个反驳是，质疑压迫和痛苦本身是否会自动导向客观性。它们也许会产生自己的扭曲和偏见。

许多生态女性主义者（见第11章）以及参与裁军或反核运动的女性主义者都认为，女人的天性，包括生育和养育子女，使她们比男人更容易关心后代的生存和对地球的保护。认同女人天性概念的女性主义者和一般的生态女性主义者都在更广泛的意义上声称，女性"更接近自然"。生态女性主义者都声称，父权制或男性对社会的支配与对自然的支配和控制之间存在着关联，无论将它归因于男女的天性，还是归因于社会的权力结构。

男人的天性被认为倾向于抽象和简化，"肢解即谋杀"（murder

to dissect）[1]，女性则尊重自然系统的完整性、复杂性和脆弱性。另一种说法是，女性是合作的、非等级的，男性则倾向于竞争和等级制度。据称，许多技术网络和系统都反映了由男性主导的社会的集中控制和等级制度，妇女的更多参与将会导向一种更加去中心化的民主的技术。

认为存在女人的天性和男人的天性，这种观点的讽刺之处在于，它与社会生物学家和其他生物决定论者的主张类似，他们用类似的说法声称，由于女人天性论者（women's nature theorists）归于她们的那些特征，所以女人不适合技术。不同的是，女人天性论者对于传统上被认为劣于男人理性的非理性和情感性给予了正面评价。女人天性论者也重复了科学革命许多修辞的意象和隐喻，认为科学是"男性的"，自然是"女性的"，科学家与自然的关系就像男人与女人的关系。主张"解剖决定命运"的社会生物学理论家声称，由于女性缺乏将抽象思想与情感完全分离的能力，以及所谓的缺乏进取心和竞争性，所以女性缺乏科学技术能力，而女人天性论者声称，这些特质要么会消除我们所知的技术，要么会导向一种更加人道和有益的科学技术。

与女人天性论相反的是后现代主义的女性主义以及关于性别是社会建构的反本质主义主张。后现代主义是 20 世纪最后几十年的一场多元化运动，它否认可能存在一个完整的知识体系或对终极实在的形而上学解释（见第 6 章关于后工业社会、媒介和后现代主义的章节）。后现代主义否认女性主义立场论可以自称拥有真立场。

后现代主义是一种相对主义，它主张各种观点都可以平等地自称或不自称真理。后现代主义也否认存在本质（见第 2 章）。语

1　语出英国诗人威廉·华兹华斯的诗句。——译者注

词和定义是任意的。事物的自然类或本质并不存在。尤其是，后现代主义的女性主义否认存在女人的天性。性别是社会建构的（见第 12 章）。也就是说，社会赋予女性和男性的人格特征并不反映女人或男人的真实本性，而是社会本身的产物。

后现代主义的另一个特征是否认自我的统一身份。后现代主义的女性主义强调个体在多大程度上被认同为若干群体。妇女不仅仅是妇女，而是某一种族和阶层的妇女。因此，不能用女性的"本质"来描述妇女的政治社会地位。

唐娜·哈拉维是一位为理解科学技术做出巨大贡献的后现代主义女性主义者。在其《灵长类视觉》（*Primate Visions*，1989）中，她显示了性别与种族的相互作用如何影响了科学和通俗话语中对类人猿的描绘。在其《赛博格宣言》中，她提出了"赛博格"（cyborg），即人机结合的范畴，以破坏人和机器的二重性，并拒绝接受人的本质的概念（Haraway，1985，1991）。赛博格源于有关远程太空旅行的技术思辨和科幻小说，但哈拉维等人后来声称，事实上，人与技术的这种相互渗透或不可分割是我们境况的典型特征。与女性主义者将自然与技术浪漫地、本质主义地对立起来相反，赛博格表明自然与技术密不可分。赛博格打破了人、动物和机器之间的界限。基因工程生物，以及在哈拉维最近的研究中，甚至像狗这样的动物伴侣，都模糊了自然与人工的界限。哈拉维用赛博格来消除人文主义和本质主义所建立的传统边界，在许多方面都类似于布鲁诺·拉图尔用技术与人的杂合体或"准客体"（quasi-objects）来消解传统实证主义的客观主义与社会建构论之间的对立（Latour，1992，1993）。

这种自然／文化的杂合体及其在科学和准宗教中的反响的一个例子是海豚。《宇宙海豚》（*Cosmodolphins*，Bryld and Lykke，

2000）是一部女性主义文化研究著作，它利用海德格尔、卡西尔以及各种后现代思想家和女性主义哲学家的思想，揭示了当代对于自然和宇宙态度的模糊性和讽刺性。太空旅行和地外通信等高技术项目反映了关于外太空更高文明的准宗教信念以及与自然相和谐的新纪元运动愿景。长期以来，海豚一直被视为聪明而可敬的人类伴侣，也被"搜寻地外文明"（SETI）项目的领导者视作与外星文明交流的模型。神经科学家约翰·李利（John C. Lilly）的实验起初是传统的、残忍的、限制性的和侵入性的神经生理学探究，但让李利相信他实际上是在和海豚对话。李利本人转向了感觉剥夺箱和迷幻药 LSD（麦角酸二乙酰胺），以试图达到类似海豚的意识。他的实验受到了全世界的广泛关注，今天许多非科学家都认为人与海豚的对话已经实现。

海豚和虎鲸在水族馆和水上公园的表演很受欢迎，显示了人们对鲸类动物的迷恋。海豚形象在电信和计算机软件的广告中传播开来。研究地外生命的太阳系科学家、电视科普作家卡尔·萨根（Carl Sagan）在维京群岛的一家餐馆遇到了一位女服务员，她后来成为李利的助手，不久就在李利浸入感觉剥夺箱、服药、不得与外界接触时领导了这项研究。另一位顶尖的物理学家和科普作家，洛斯阿拉莫斯核武器项目的资深人士、麻省理工学院教授菲利普·莫里森（Philip Morrison）很早就主张将与海豚交流作为与地外生命交往的桥梁。事实表明，新纪元运动的神秘学家和美国航空航天局的科学家对海豚有着某种神秘和准宗教的态度。自称客观、超然、非人格的科学混合了宗教敬畏和融于宇宙的渴望。通过太空旅行统治宇宙的男权主义形象，同主张与自然进行畅通无阻的交流合作的女性主义和生态乌托邦，形成了一种讽刺性的对立。《宇宙海豚》的作者旨在消除男性／高科技与女性／神秘学之间的分裂。太空计划支持者的宇宙幻想非常类似于精神生态女性主义者和新纪元运动神秘学家的那些幻想（Bryld and Lykke，2000，p.36）。

　　海豚被新纪元运动和主流科学家与地外生命这样奇特地联系起来，与猿的角色相似，猿既是田园诗般的自然的象征，又是太空探索的动因。在《伊甸园中的猿：太空中的猿》（Haraway，1989，pp.133–139）这一章中，唐娜·哈拉维使用了《国家地理》中猿与女人（珍妮·古道尔［Jane Goodall］）挽手的图像（也印在该书的护封上），其姿态介于握手和米开朗琪罗的西斯廷教堂穹顶画中上帝与亚当手指相碰之间。令人惊讶的是，在将太空中的猿与伊甸园中的猿进行对比时，哈拉维并没有提到汤姆·沃尔夫（Tom Wolfe）在1979年的《太空先锋》（*Right Stuff*）或1983年据此改编的电影中描绘的阿波罗号宇航员对太空猿的嫉妒。

　　猿和海豚是人类交往的对象（见第8章），但也是被军方操纵和利用的物理对象，因为海豚被用来水下排雷。正如从人猿泰山到关于市中心贫民区雄性进攻的社会生物学研究，猿常常是对非洲人或非裔美国人的隐式刻板印象（Goodwin，1992；Bregggin and Breggin，1994；Wright，1995；Sherman，1998），因此，从《金刚》到非洲灵长类研究者珍妮·古道尔和黛安·福西（Dian Fossey），猿－雌性（ape-female）关系可以代表流行文化中的性关系和种族间关系。最近的儿童动画片《太空猿在海角》（*Space Ape at the Cape*，2003），就是猿作为地外生命的、代表性别和种族问题的、在文学上不那么优雅的例子。故事发生在卡纳维拉尔角，在对一只训练有素的猿进行太空发射之前。一个快速生长的外星生物被认为来自一个外星卵，但后来被证明是一位非裔美国女性研究者，穿得像一只猿，以掩饰她在"搜寻地外文明"科学项目上的失败。

结　语

　　女性主义技术哲学以各种进路处理各种问题。它反对传统上对女性作为使用者和创新者在技术中的角色的贬低，研究了通过生殖技术和家用技术特别是影响妇女作为母亲和家庭主妇的传统角色的技术方面。它还考察了男权主义对技术和自然的态度，即男性技术操纵和支配着女性自然等更广泛的问题。女性主义科技哲学家对往往被技术专家忽视的技术的隐喻和文化反响特别敏感。女性主义科技哲学并没有异口同声地说话。从对关于女人天性或（缺乏）能力的生物学、心理学和技术主张的经验批评，到如果妇女在研究和发展方向上若有更多发言权，科学技术可能会如何的不同看法，研究范围极广。后现代主义的女性主义研究了许多传统技术哲学所基于的人与自然这种二分的不足。

研究问题

1. 统治和控制自然的冲动特别属于男性吗？它是资本主义的产物吗？是犹太教—基督教传统的产物吗？是人性吗？

2. 你认为女性在物理学和工程领域的低代表性在不久的将来会有很大变化吗？为什么？

3. 认为技术具有一种"价"（valence），使之更容易用于某些特定群体（比如男人而非女人）的目的，这种看法是否有意义？抑或技术在使用和使用者方面本质上是中性的？

第 10 章

非西方技术和地方性知识

大多数关于技术的讨论都与基于科学的当代技术有关。以这种技术为基础的科学是西方的，它在历史上起源于 17 世纪欧洲的科学革命。一般认为，这种技术在很大程度上源于 18 世纪的欧洲工业革命。（然而，最近的历史学家发现了越来越多对于西方科学技术的非西方影响，这些影响尤其来自阿拉伯世界和东亚，但也来自征服前的美洲和非洲。）

非西方技术，无论是来自古代和中世纪文化的科学革命之前的技术，还是较新但并非基于西方科学的技术，都引出了一些重大问题。一个问题是声称西方科学是普遍的，适用于所有时间地点。西方主流观点认为，非西方科学充其量只是对狭义上适用的经验规则的不精确和模糊的表述，这些经验规则是西方科学更为精确和普遍的法则的子情况，在最坏的情况下甚至是迷信。一些非西方科学的学者和采用人类学方法研究科学的科学技术学共同体成员对这一观点提出了质疑。他们声称西方科学本身是一种适合实验室的"地方性知识"（local knowledge），就像非西方科学技术适合自己的环境和共同体一样。

另一个相关但也许更广泛的问题涉及"理性的"西方思想与

文字出现以前原住民文化中"不理性的"或至少是"非理性的"思想之间的对比。19 世纪和 20 世纪初的人类学将"原始思维"与现代西方科学思维进行了对比。最近的人类学家和受其影响的技术研究学者声称，本地的思想和技术并不"原始"，西方人仅仅在极为有限的科学技术专业语境下才是"理性的"。人类学家以及他们专业之外的科学家和技术专家声称，大多数西方人在大部分时间里都像所谓的"原住民"一样思考，依赖于神话、文化陈规和含混的类比。

第三个不那么抽象的问题是西方技术在发展中国家的优越性甚至适用性。在 19 世纪和整个 20 世纪的大部分时间里，主流观点一直是，发展中国家应当模仿发达国家的技术和组织，引入西方技术来取代它们自己的技术。最近，在发展中国家的环境中没能成功植入先进西方技术的例子表明，它们需要不那么复杂难用的技术。这种技术被称为"适用技术"或"中间技术"。它"适用"于欠发达国家，或"介于"本土技术与西方先进技术之间。研究当代非西方和本土技术的许多学者所捍卫的另一个主张是，文字出现以前原住民文化中的本土技术往往对其环境有很大的用处和适用性。这些批评者进一步声称，过去的西方殖民列强常常忽视本土技术和地方性知识，只是用在当地环境（比如热带或极地）中效率较低的西方技术简单地取而代之。此外，目前的西方援助项目错误地摒弃了地方性的传统技术，而代之以不适合环境的西方技术。例如在南部非洲，一家轮胎厂生产用于出口到欧洲的轮胎。它会雇用当地居民，但汽车在这个地区很少见。相反，自行车厂显然更能满足当地居民实际的交通方式。

地方性知识

科学知识与前科学知识或传统知识之间的对比之一是，传统知识或本土知识的地方性与科学知识的普遍性之间的对比。本土的传统知识常常是口头的，并通过技能学习来传递。这些技能和知识常常是秘密的，或至少是不公开的。标准观点认为，科学知识是齐曼（Ziman，1968）所说的"公共知识"（回想一下第 1 章讨论的默顿的科学规范中关于数据共享的"公有性"）。本土知识包括关于当地社会环境和生物环境的详细知识，被称为"地方性知识"。科学知识一般被认为至少在三个意义上是普遍的：首先，科学定律在逻辑、空间和时间上都是普遍的；其次，科学知识可以应用于宇宙的任何地方；再次，基于西方科学的技术有一种地理上的普遍适用性，任何社会都可以在任何环境中使用它。相比之下，本土技术依赖于在当地传授的技能和特定的环境状况。

这种对比观点受到了近几十年科学技术学（STS）运动的挑战。科学技术学是一个跨学科领域，包括科学知识社会学、科学人类学、科学的文学研究、科学的修辞研究以及受这些进路影响的科学史进路。但科学技术学的特质并不仅仅是跨学科努力的产物。与传统的科学史和科学社会学不同，科学技术学经常同情后现代主义，因为它拒绝用实证主义方法来对待科学技术的客观性，并且对科学技术的进步保持怀疑（见文本框 6.3）。

根据科学技术学的许多文献，科学本身就是一种地方性知识。因此，基于西方科学的技术也是一种特殊的地方性知识。根据这种观点，科学知识的所在地是实验室。在实验室的特殊人工条件下，"结果"被产生出来（Hacking，1983）。实验结果涉及提纯和处理自然材料的复杂混合物。人们从混合物或化合物中分离出纯粹的化学元素，制造出相对无摩擦的环境，在超高温或超低温下处理物体以产生某些特性，还开发出在自然环境中往往无法存活的纯种小鼠、细菌或苍蝇用于实验目的。

根据后现代科学技术学的看法，科学的"普遍性"源于复制各地实验室这些特殊的"地方"条件和运送地方结果。度量衡的标准化、提纯物质的运输或关于提纯物质的技术说明有助于运送当地条件。对观察者进行测量和观察的实验室技术培训使地方观察能够"旅行"（Latour，1987，Ch.6）。根据夏平和谢弗（Shapin and Schaffer，1985）的说法，罗伯特·波义耳（Robert Boyle）通过发展"虚拟证人"的社交网络，使实验知识成为非地方的。值得信赖的个人（波义耳时代的绅士，我们时代的技术专业人士）见证了实验及其复制（Shapin，1994）。与这种后现代科学技术学的说法相反，通常认为科学定律适用于整个宇宙。根据这一观点，科学所描述的过程并不仅仅是局部现象，而是发生在整个宇宙中的过程，尽管通常会涉及其他过程和因素。此外，在生物学、地质学和天文学中观察到的许多过程或现象并不存在于实验室，比如巨大而遥远的宇宙学事件以及长期的地质过程或生物演化过程。科学家有时会对大尺度的宇宙学推测（Bergmann，1974）和宏观演化过程（物种的长期演化和物种层次以上的分类）表示怀疑，因为不存在实验室观察的直接结果。在 20 世纪的前三分之二，关于整个宇宙的物理理论（宇宙学）被认为是推测性的，不如实验粒子物理学值得尊敬。直到粒子物理学理论（大统一理论和后来的发展）与宇宙学结果紧密相连时，宇宙学结果才得到更高的经验地位。进化论遭到的一个常见反驳是，大尺度的演化过程无法直接观察到。较短时间内较小尺度的遗传变化可以在实验室观察到，但数百万年的变化和演化趋势是观察不到的。这两个案例都表明，无法完全变成实验科学的观测科学如何会被认为不如实验科学"科学"。

　　科学实在论与反实在论的问题卷入了这场争论（见第 1 章）。根据科学实在论，科学理论中的理论实体，如原子、亚原子粒子和场，指的是真实的、尽管不是直接观察到的对象。反实在论则主张这些理论实体并非真实的。根据被称为工具主义的反实在论形式，理论语言只是一种用来预测的工具。根据虚构主义的说法，这种理论语言不应从字面上来理解。在反实在论者看来，真实的东西就是被直接观察到的东西。随着把科学视为关于实验结果的地方性知识，这个问题再次出现了。

　　我们是否应该相信，在物理实验室观察到的提纯和"净化"过程实际发生在宇宙的其他部分（尽管与其他许多过程相混合并受其影响）？实证主义者和英国经验论者（见第 1 章）希望把科学与感觉观察紧密地联系在一起，并要求通过直接与感觉观察相联系来为理论辩护，或者将理论视为一种纯符号工具。同样，科学技术学进路暗中要求将科学与实验室演示直接、紧密联系在一起。波普尔、库恩等许多科学哲学家都批评将归纳主义当作对科学方法的描述。科学技术学的倡导者已经接受了许多这样的批评，至少是不再把形式的归纳理论当作对科学的描述。然而，具有讽刺意味的是，将实验室的地方性知识去地方化并且扩展为形成科学的模型，（按照拉图尔和哈金的说法）这本身就是一种归纳主义。如果是这样，那么仍然需要解决休谟的归纳问题。

地方性知识与技术转移

　　虽然关于科学本身是否地方性知识的争论似乎是抽象的和理

论性的，但它对于确定科学相对于本土知识的地位具有重要意义。在过去的几个世纪里，科学知识被视为优于本土知识。西方传教士自认为把真正的宗教带给了愚昧的野蛮人。同样，殖民统治者也自认为带来了真正的技术知识来取代迷信和"原始的"无知。在政策和实践中，本土知识常被斥为无稽之谈或流言蜚语，取而代之的则是普遍的科学知识。殖民列强和西方科学顾问经常忽视或贬低他们所统治或建议的当地人的传统知识。使西方殖民列强得以征服非西方国家的西方军事力量，常常被认为证明了西方知识和民族的优越性（Adas，1989）。

然而，如果西方科学是一种地方性知识，那么西方科学和本土知识就不是通过政治军事力量，而是通过知识主张具有了同等性质。二者都是地方性知识系统，需要根据自身的品质进行评价，特别是在是否适用于地方条件方面。

特别是在医学和农业方面，这两个领域都涉及生物和环境的复杂性，地方性知识的优势是显而易见的。当地农民对于环境及其土壤、杂草和害虫常常会有详细的了解，这种知识是该城市或其他国家的科学农业专家所缺乏的。传统的博茨瓦纳畜牧和莫桑比克的祖鲁族人通过焚烧牧场和阻止灌木生长来驱赶采采蝇。殖民农业带来了牛瘟，杀死了牲畜，而使灌木重新生长并带回了采采蝇。在"专家"发现当地农民已经像专家一样知道并对主要土壤类型进行分类之前，一项昂贵的美国土壤调查就已在加纳完成（Pacey，1990，pp.190-191）。墨西哥萨波特克（Zapotec）原住民的土壤分类与西方科学的分类非常相近（González，2001，p.131）。传统的萨波特克农民有时会对不够了解当地条件和访问城市农业顾问的成功技巧发表看法（González，2001，p.221）。与使用化肥的单作技术相比，当地的间作方法与相同肥料结合更能提高产量

（González，2001，p.170）。在巴厘岛，荷兰殖民农业管理者将宗教指定的农田使用、废弃和轮作时期的复杂模式视为迷信，后来才得知这种模式比他们自己的持续耕作技术更有效。这些例子表明，由于成功的农业依赖于当地环境的复杂细节，所以传统的地方性知识有时要比应用对背景细节了解不足的一般科学原理和技术更加准确和成功。关注欠发达国家农业和医学的许多作者已经变得对应用的当地背景问题更加敏感。

技术与魔法的差异理论

虽然本土技术中的地方性知识在农业和医学等领域取得了成功，但技术与魔法在传统社会中的结合仍然是成问题的。许多人将本土技术斥为"仅仅是魔法"，或至多认为西方科学借用了本土知识，从中去除了魔法渣滓，提取出（西方）科学知识的纯金。例如，西方生物技术公司搜集了欠发达国家的当地萨满已知能治愈疾病的植物，提取出被认为能够产生这种效果的化学物质，并为结果申请专利，而最初供应这些植物的当地社会通常并没有从中受益。与西方科学技术产生的真正知识相反，这种行为可以通过声称萨满知识"仅仅是魔法"来辩护。

关于这些社会中技术与魔法的关系，已经有好几种论述，但没有一种得到普遍认可。对于本土技术的魔法成分的地位，不同的观点有不同的推断。这个问题仍然令人费解。

关于技术与魔法的关系，一种观点是：魔法仅仅是一种不管用的技术。数学家勒内·托姆（René Thom）曾经调侃说："几何是成功的魔法。"不过他又补充说："所有成功的魔法不也都是几何吗？"（Thom，1972，p.11，n.4）魔法和技术一样试图操纵和控制世界，不论是无生命的世界还是有生命的世界。

早期人类学家詹姆斯·弗雷泽爵士（Sir James Frazer，1854—1941）在其《金枝》（*The Golden Bough*，1890）中声称，魔法的核心与科学是一样的，因为魔法相信自然的齐一性（Tambiah，1990，p.52）。

关于魔法衰落的一种常见看法是，成功的科学导致了魔法的衰落，因为魔法越来越被认为不如科学有效和有用（Thomas，1971）。这一观点的一个问题是，猎巫（包括对女巫的信仰和迫害）在16世纪末到17世纪中叶早期现代物理学形成时达到顶峰。英国皇家学会会员和重要宣传者约瑟夫·格兰维尔写了一本书来讨论巫术的真实性。皇家学会只有一个不太重要的会员对这项工作提出了质疑，他的信念和矮小身材都受到了嘲笑。牛顿的弟子、剑桥牛顿席位的继任者威廉·惠斯顿（William Whiston）声称，女巫的存在比牛顿的引力或波义耳的气压更确定（Webster，1982，p.98）。

对科学取代魔法的另一种反驳是，魔法是一些早期现代科学家世界观的一部分。其中包括化学医学的先驱帕拉塞尔苏斯（Paracelsus）；记忆术专家和魔法师乔尔丹诺·布鲁诺（Giordano Bruno），他最早宣称太阳是恒星，并且传播了宇宙无限的观点；还有牛顿本人，他认为自己只是重新发现了毕达哥拉斯、埃及的托特神（God Toth）或三重伟大的赫尔墨斯（Hermes Trismegistus）等古代圣贤已经知道的引力定律（Yates，1964，1968，1972；Dusek，1999，Ch.6）。符号逻辑和微积分的发明者莱布尼茨认为，二进制是中国古代圣人伏羲发明的（Dusek，1999，Ch.11）。

主张科学取代魔法的第三个也是更明显的问题是，在技术社会中，许多人都拥有各种各样的准魔法信念，这些信念在现代科技的发展中幸存下来。事实上，在许多受过教育的人看来，过去几十年所谓的"新纪元运动"思想已经涉及魔法可敬性的复兴。在 19 世纪下半叶的英国，对科技进步的笃信也成为广泛神秘学运动的背景（Turschwell，2001；Bown et al.，2004；Owen，2004）。

早期现代科学的兴起似乎非但没有阻止魔法思维，反而与它在猎巫中达到的顶点相吻合。此外，19 世纪末和 20 世纪现代科技的主导地位与神秘学的复兴同时发生，这让人想起了吉尔伯特·默里（Gilbert Murray，1925）在撰写有关罗马帝国晚期的著作时抨击的由迷信导致的"缺乏勇气"。从历史上至少可以说，用科学取代魔法的论点是可疑的。

人类学家布罗尼斯拉夫·马林诺夫斯基（Bronislaw Malinowski，1884—1942）声称，魔法始于技术的终点（Malinowski，1925；Tambiah，1990，p.72）。也就是说，技术被用来操纵可以操纵的东西，但魔法被用于控制失败的情况。马林诺夫斯基和哲学家维特根斯坦都持有一种不同的魔法观，认为魔法与技术完全不同，因为魔法是一种表现性活动。也就是说，魔法主要不是为了实际的外在结果，而是为了表现内在的情感。魔法并不涉及虚假的事实信念，而是一种对情感的表现，比如复仇魔法中的愤怒或爱情魔法中的色情。魔法语言是用来左右情感的修辞，而不是用来描述现实。维特根斯坦的观点见于他对弗雷泽《金枝》极具批判性的评论（Wittgenstein，1931）。

这些相互竞争的观点与技术哲学有关，因为马林诺夫斯基的主要观点使魔法成为一种对技术进行延伸的虚幻或错误的尝试，而维特根斯坦的观点则使魔法成为某种非事实的、非科学的、与对物理世界的操纵无关的、与物理技术大不相同的东西。

只有当魔法被视为一种"心理技术"时，维特根斯坦的表现主义观点才使魔法成为一种（常常成功的）技术。对技术的全面系统定义，包括文化的激励方面，使魔法成为技术的一部分，因为技术现在包括"所有工具和文化"（Jarvie，1967）。因此，不同的魔法观以不同方式解释了魔法与技术的对比。魔法是一种无效的技术尝试吗？魔术是一种更接近艺术而不是技术的非技术的表现形式吗？抑或，魔法其实是一种心理技术，只是看起来是物理技术罢了？

魔法思维与技术思维：神话思维与逻辑思维的对立？

在过去的一个世纪里，另一个争论领域是魔法和技术所涉及的推理类型。与之相关的有魔法"逻辑"与技术"逻辑"之间的对比，还有魔法思维是否涉及一种与技术推理完全不同的神话结构的问题。这种对比涉及成功的技术所包含的逻辑推理，这里的技术要么指某种意义上的应用科学（见第 2 章），要么指实用的手段—目的思维或工具推理（见第 4 章）。

法国哲学家吕西安·列维-布留尔（Lucien Lévy-Bruhl，1857—1939）讨论的话题现在被认为也属于社会人类学领域。他在 20 世纪初提出了一种观点，将原始思维与理性思维进行了对比（Lévy-Bruhl，1910）。

德国康德主义"符号形式"哲学家恩斯特·卡西尔（Ernst Cassirer，1874—1945）接受并发展了这一对比，将魔法思维称为神话思维（1923），并进一步区分了亚里士多德式的常识与现代的、形式的、科学的思想。卡西尔的框架是渐进式的，就像孔德的三阶段一样（见第 3 章）。我们还记得，孔德的三阶段是神学、形而上学和科学。卡西尔的三阶段则是：（1）神话思维；（2）亚里士多德式的常识思维，以目的和性质为基础，以主词—谓词语法为基础；（3）科学—函数思维，以数学函数和其他函数为基础。卡西尔运用康德通过概念或范畴将感性知识组织和统一起来的哲学，从空间、时间、数和因果性的角度分析了思维结构的不同形式（Cassirer，1923）。（在耶鲁大学时，卡西尔和马林诺夫斯基曾在午餐时长时间谈论"函数"〔或"功能"，functional〕思维及其相对于其他思维形式的优越性。但卡西尔指的是数学函数，而马林诺夫斯基指的是社会功能，在所谓的功能主义人类学里，一个群体通过社会功能被组织起来服务于目的。）

列维-布留尔声称，原始思维有一种逻辑，它不同于标准的形式逻辑，也不同于传统逻辑的所谓思维法则。这些"思维法则"是：（1）（不）矛盾律，即某个事物在同一方面不能同时是 A 和非 A；（2）排中律，即任何事物要么是 A，要么是非 A；（3）同一律，即 A 等于 A。原始思维认同对立，拒绝接受形式逻辑对矛盾的禁止。它也违反了同一律，比如一个图腾崇拜的信徒将自己等同于图腾崇拜对象："我是一只长尾鹦鹉。"它还将部分等同于整体（比如在魔法中，对从所要影响的人身上取下的头发或指甲所做的伤害行为被认为会对整个人发生作用）。根据列维-布留尔的说法，原始思维有一种与文明社会所理解的因果性不同的因果性。事物不是由一连串次级原因引起的，而是由无法定位的精神存在的直接作用引起的。而且，原始空间并不像几何空间那样有组织。

与一些批评者的指责相反，列维-布留尔并未声称原住民没有逻辑思维或因果思维的能力。他声称，前国家社会的群体结构和团结导致了"集体表象"，并使群体优先于个人。列维-布留尔的批评者指出，无文字社会或不开化社会的技术显示出与现代技术相同的以实际任务为导向的解决问题的结构。最近对列维-布留尔的另一项批评指出，在当代工业化社会，流行占星术、新纪元运动的神秘主义和魔术，以及广告和政治宣传中仍然存在许多原始思维或神话思维。卡西尔指出，他发现纳粹的宣传与五百年前古老的魔法和神秘学著作的宣传极其相似（Cassirer，1948）。马林诺夫斯基则指出，广告商试图将购买汽车或品牌牙膏与改善个人爱情生活联系起来，就包含了魔法思维。马歇尔·萨林斯（Marshall Sahlins）表明，将宠物和可食用动物区分开来的隐含规则与非西方社会的禁忌一样主观。一些东亚国家食用狗肉让西方人感到恐惧，他们认为屠宰牛作为食物没有什么错，而印度教教徒却对此感到憎恶（Sahlins，1976）。《宇宙海豚》（第9章讨论过）的作者利用卡西尔对神话思维的讨论，分析了俄罗斯和一些新纪元运动信徒的当代占星术信念（Bryld and Lyyke，2000）。

人类学家埃文斯·普里查德（Evans Pritchard，1902—1972）在对列维-布留尔的早期批评中指出，仅仅通过逻辑学家和科学家的推理来描述西方思想，而忽视西方的许多流行文化和宗教，并且仅仅通过魔法和宗教信念而不是实际技术和农业来描述非西方文化（Douglas，1980，pp.27-30），这是不公平的。

同样值得注意的是，特别是随着原子能的发展，工业社会中公共或流行的技术形象往往具有魔法要素。欧洲核子研究中心的一名成员曾说"科学家是魔法师：自1945年以来"（Kowarski，1971）。同样，核武器战略理论家也被称为"世界末日的巫师"（Kaplan，1983）。列维-布留尔本人在其最后的著作中承认，原始思维和逻辑思维都存在于所有社会中，尽管他声称非逻辑的原始思维在无文字的前国家社会中更为明显（Lévy-Bruhl，1949）。

对列维-布留尔的当代拒斥在很大程度上是由于种族主义出现在原始思维与文明思维的对比中。事实上，《原始思维》（*Primitive*

Mentality）最初的标题被译为《低等社会的心理机能》（*The Mental Functions of Lower Societies*）。列维-布留尔否认"野蛮人"没有逻辑能力，并声称这种替代性的推理系统与西方逻辑一样复杂和有组织。然而，他所记录的差异被用来论证有色人种特别是非洲黑人的劣等地位和对他们的征服。不过，即使早期的列维-布留尔错误地将原始思维仅仅与非西方的无文字社会联系在一起，原始思维或卡西尔的神话思维与逻辑思维之间的区分仍然成立。

　　有些批评者甚至试图引出西方技术社会的思维与前国家、无文字社会的思维之间的相似性，以歪曲后者。罗宾·霍顿（Robin Horton）认为，非洲传统思想关于定律、推理和检验的假说-演绎逻辑与逻辑经验主义者卡尔·亨普尔（Carl Hempel）或批判理性主义者卡尔·波普尔所提出的科学逻辑（Horton，1967）相同。然而，后实证主义科学哲学家质疑这种严格的逻辑是否真的描述了物理科学的实际做法。此外，霍顿承认非洲传统思维是封闭的，不受批评或逻辑反驳的影响。埃文斯·普里查德强调，阿赞德人的巫术信念经过调整，在很大程度上可以应对所有反驳。这将更多地表明迪昂、蒯因或库恩对科学的解释逻辑，并将调整辅助假说的策略运用到极端。保罗·费耶阿本德主张科学方法就是"认识论的无政府主义"和"怎样都行"，当一位传统中医治愈了他遍访西医多年未愈的泌尿系统疾病时，他变得对非西方医学很有好感。他指责他的导师波普尔误认为：

　　　　所提出的（经验陈述与形而上学陈述之间的）概念二分对应于作为科学传统一部分的陈述与……那些不知道这种区分，或仅以模糊形式包含这种区分（但可以通过消除这种模糊得到改进）的传统的陈述之间的一种实际区分。……如果更仔细

地考察希腊理性主义的发展，考察"科学"医学和各种民间
医学的效力比较，考察在特殊情况下神谕和"理性讨论"的
效力比较（埃文斯·普里查德做过生动的描述），那么就会
表明，这一假设也是非常值得怀疑的。（Feyerabend，1981，
pp.21-22）

（关于波普尔对科学与非科学的划界，见第 1 章。）

技术与魔法在活动中的分离

即使人们接受魔法与技术在无文字、非国家的社会中的区分，
当魔法和技术在同一活动（比如捕鱼或农业）中发挥作用时，也仍
然存在区分它们的问题。原住民社会中的许多实践活动都既涉及
实用的技术，又涉及魔法唱诵或施行魔咒。这在无文字、前国家
社会中最为明显，但在当代社会也并非没有。水手和矿工等从事
危险职业的工人往往有迷信的仪式，即使不像原住民的仪式那样
复杂。造船、制造武器、捕鱼、种植和丰收都有相应的仪式和庆
典。对于参与其中的人来说，我们所认为的技术和我们所认为的
魔法活动本质上都包含在任务中。

传统的非洲或日本铸剑师需要加热、锤打和淬火，并辅以各
种神话仪式（Ellul，1954，p.20；Bronowski，1973）。西方技术
学家会声称，神话般的祈祷和仪式可以取消，留下纯粹的冶炼过
程。然而，马林诺夫斯基等人类学家和后来的功能主义者强调，
魔法仪式经常能起到统一和激励渔民或农夫的作用（Malinowski，
1922）。这些活动的受科学影响的观察者也许会希望把有效的技术

活动（"管用"的部分）与魔法成分分开。20 世纪的一位波利尼西亚航海家勇敢地尝试了这一点，并且在没有魔法仪式的情况下成功完成了传统的独木舟航海。

　　将祈祷和仪式作为"心理技术"纳入技术的一个特殊结果是，魔法仪式本身可以理解为技术，不是物理或生物的狩猎或捕鱼技术，而是一种起激励作用的心理技术。这种将仪式和唱诵视为"心理技术"的观点的一个问题是，它大大扩展了技术概念，使之无法与生活的其他领域区分开来。然而，考虑到技术与人类生活的各个方面是如此交织和渗透，技术研究者也许不会认为这是个问题。甚至连波普尔学派的人类学家－哲学家伊恩·贾维也将心理技术纳入了技术，并承认他的技术概念扩展到了把所有文化和社会都包括在内（Jarvie，1967，p.61）。

　　然而，如果接受关于技术的技术系统定义（包括社会组织作为技术的一部分）或佩西的"技术实践"（包括文化和社会作为技术的一部分），我们就会对仪式和唱诵的角色持一种不同的看法。这种看法可以使原住民技术的仪式方面成为技术的一部分，因为这些仪式可以激励工作或者调整工作节奏。魔法与技术的界限取决于我们如何看待所谓心理技术的技术地位，如何看待把技术理解成应用科学，如何看待把技术定义成硬件或工具，而不是定义成包括社会组织和相关文化动机的技术系统。

中国传统科技与替代性高技术的可能性

　　传统印度、中国和日本的科学技术不是原住民科学的例子，而是不遵循古希腊或文艺复兴时期意大利路线的高度文明的科学技术的例子。这些科学技术显示出了可替代的可能性，作为因西方科学的统治地位而中止的高技术的替代路线吗？很多人会说并非如此。

通常的观点是，这些文化没有科学。爱因斯坦（这里，他在历史和文化研究方面的知识要少于物理和数学方面）经常对中国为什么没有发展出科学感到困惑。核物理学家和教育理论家艾伦·克罗默（Alan Cromer）在 20 世纪 90 年代撰写的一本科学方法普及书的内容简介甚至说："他把他的论题钉在了……政治正确和多元文化主义的大门上，并且重申了他的观点，即科学思维的核心是西方的独特发现。"（牛津大学出版社，1995—1996）克罗默声称："中国人从自己的角度看待一切，却对外面的世界一无所知。"奇怪的是，一幅 1315 年的中国地图是一幅 1401 年的朝鲜地图的基础，而后者比当时欧洲人制作的任何地图都要完整。克罗默还声称，（大概和他自己不同，）"中国人没有发展出客观性"（Cromer，1993）。克罗默写这本书时，生化胚胎学家和科学史家李约瑟（Joseph Needham）的十几卷著作早已埋葬了这种无知的观点。从 20 世纪 40 年代末开始，在一项被一些人称为 20 世纪最伟大的历史成就的计划中，李约瑟向西方揭示了中国传统科学技术的巨大财富。

在文艺复兴时期之前，传统中国人的技术不仅遥遥领先于西方，西方的许多技术设备似乎也都是从中国传到欧洲的。弗朗西斯·培根认为希腊人和罗马人的思想并非无所不包，他引用了他认为古人不知道的三项现代西方发明：磁罗盘、印刷术和火药。培根不知道，这些发明其实是中古时代中国的产物传到了西方，尽管古希腊人确实不知道这些东西。

在中世纪，不仅有许多中国发明沿着丝绸之路穿过中亚来到西方（马镫、手推车、带卷轴的鱼竿等），而且在某些领域，中国技术一直领先于西方直到 20 世纪，特别是在医学、生态学和地球科学等"整体论"领域。在西方人从中国人那里了解磁罗盘之前几个世纪，中国人已经有了地球表面移动磁场和磁偏角的地图（Dusek，1999，Ch.2）。中古时期的中国人已有激素疗法，包括甲状腺激素疗法和雌激素疗法。在 19 世纪的美国农业顾问把这些想法带到西方之前几个世纪，中国人已经有了生物上的害虫控制（使用昆虫吃昆虫，而不是使用化学农药）。早在公元 100 年左右，张衡就做过地震观测（Ronan，1978，Vol. 2，pp.300–305）。

早在公元前 100 年就有了井盐深钻，它把现代的传统井延伸到至少 4 800 英尺（约合 1 463 米）（Needham，1954，Vol.1，p.244；Vogel，1993，p.86）。在西方实现这一成就的许多个世纪之前，就有很深的天然气井穿透地下 1 000 英尺（约合 304.8 米）。中国的钻探技术从 17 世纪开始通过荷兰游客流传到西方，1828 年法国传教士对其做了详细描述。法国工程师很快就模仿了中国的这些技术。事实上，1859 年德雷克上校（Colonel E. L. Drake）在宾夕法尼亚的油溪（Oil Creek）沿岸钻井所使用的技术可能就是从中国借来的，要么经由法国，要么是从美籍华裔契约铁路工人那里（Temple，1986，p.54）。因此，阿富汗战争之后才进入中亚的美国石油和天然气巨头们所使用的钻井技术，是中国人在 1 000 多年前使用的，美国也是从他们那里借来的。

当代技术史家普遍认可，在西方科学革命和工业革命之前，中国技术是优于西方技术的。更有争议的是李约瑟关于中国科学的主张。在一些来访的中国研究生的刺激下，李约瑟本人最初对中国为什么没有发展出物理科学感到困惑。如果说科学是指数学的自然定律与始于 16 世纪伽利略的受控实验相结合，那么中国从未发展出科学。

李约瑟效仿埃德加·齐尔塞尔提出，欧洲法学中普遍适用的法律概念在 16、17 世纪被博丹（Bodin）和开普勒等人转移到自然定律。在欧洲，社会法律的概念被转移到为物理宇宙立法的神圣立法者的概念。李约瑟追溯了中世纪晚期的一个中间阶段，那时下蛋公鸡和三条腿的母鸡会被审判，并作为"不自然的"东西被处死。他得出的结论是，只有一个疯狂到会对下蛋公鸡进行审判的社会，才可能对自然秩序抱有狂热的信念，从而产生开普勒或牛顿这样的人，尽管自然看似混乱，而且当时可用的观测数据并不准确（Ronan，1978，Vol.1，pp.301-302）。曾经有一个演讲用以下标题概括了这种情况——"若公鸡下蛋，你会怎么做？或论现代科学的社会起源"（Walter，1985），这个标题一定会让还不熟悉李约瑟作品的人感到困惑不解。

在天文学、地质学和生物学等纯观察科学中，中国都有很高的质量。中国人未受亚里士多德观念的影响，没有区分构成恒星和行星的纯净的"第五元素"或以太与构成地球的肮脏的土和水，他们早于第谷·布拉赫和伽利略几个世纪就观察到了新星的诞生和太阳黑子。在西方，新星的诞生和太阳黑子的存在起初被耶稣会学者拒斥，因为这与亚里士多德和圣托马斯·阿奎那对天界的看法不一致。具有讽刺意味的是，当耶稣会士利玛窦等人在 16 世纪初把西方几何学、机械钟和天文学带到中国时，罗马教会却禁止了伽利略的观点并将他软禁（Sivin，1973；Spence，1984）。因此，在最初的几年，耶稣会士无法公开把哥白尼、伽利略和开普勒的日心说和地动说直接教给中国人。具有讽刺意味的是，正当这些观点在欧洲传播时，传教士却告诉异教的中国人，他们的无限宇宙是原始的迷信，即星星在空荡荡的空间中没有支撑地漂浮生灭。

尽管中国的观测天文学质量很高，但中国的计算天文学却退化了，尽管在古代，它一直与巴比伦人和早期希腊人的计算天文学不相上下。此外，中国人从未像西方那样发展出物理学和天文学的运动定律。在古代中国，只有一个思想学派，即身为低级工匠和军事工程师的墨家，发展出了光学和力学的定量思想，这些思想或许能发展成某种类似于西方物理学的东西（Graham，1978）。然而在公元前 200 年左右，随着中华帝国的统一，墨家遭到罢黜。大多数中国物理思想都强调，物理测量是不精确和不确定的（Sivin，1973）。

在纯粹定性的层面，中国人认为宇宙是一个不断演化的过程性的东西，是不确定的，背后缺乏永恒不变的基质。这种观点看起来更像是 20 世纪的科学，而不是 17、18 世纪西方的经典机械论观点（Dusek，1999，Ch.3）。李约瑟甚至认为，实际上，中国人试图不经过决定论的经典力学和牛顿绝对时空的中间阶段，直接跃至一种类似于相对论和量子论的世界观（Ronan，1978，Vol.1，p.292）。

在由中国人发明的舵和罗盘所引导的舰船上，用中国的火药轰炸并击败中国军队、迫使中国进行鸦片贸易时，中国的科学衰落了。正如中国人因吸食英国强迫他们接受的鸦片而被谴责为堕落的成瘾者一样，他们的科学也被谴责为原始和迷信。

在欧洲入侵和统治之前、之时以及之后，科学的衰落发生在世界的许多地方。在其统治时期，英国禁止向印度人讲授本土的印度数学。这压制了人们对喀拉拉邦数学传统的记忆，在 14—16世纪，喀拉拉邦发展出了类似于此后不久英国牛顿和德国莱布尼茨发明的微积分的技巧（Joseph，1991，pp.299-300）。

占据统治地位之后，西方查禁了早先关于本土工程成就的记录。英国殖民统治者禁止教导黑人儿童有关非洲南罗得西亚大津巴布韦石头城的情况。与此同时，这座城市逐渐被殖民者洗劫、玷污和掠夺。罗得西亚的黑人被教导说，非洲黑人从未建造过石头建筑，也没有城市意义上的"文明"。一个源自德国探险家毛赫（Mauch）的古老殖民传统将津巴布韦归因于《圣经》中的示巴女王，以声称它不是由非洲黑人建造的。另一个至今仍然存在的传统是，将津巴布韦或附近的安哥拉与《圣经》中的俄斐联系在一起，与腓尼基人而不是黑人联系在一起，尽管考古证据表明它是由非洲人自己建造的，而不是由某些来自中东的游客建造的（Davidson，1959，pp.250-264；Kinder and Hilgemann，1964，p.221）。同样遭到长期忽视的一个事实是，最早的矿藏是在史前撒哈拉以南非洲开发的。

倘若欧洲的军事技术和战略没有制服其他大陆的原住民，可能发展出替代性的科学和与科学相关的技术吗？技术决定论者倾向于主张，科学有一条预先确定的路径，而且由于现代技术等同于应用科学，所以只有一条通往高技术的路径（见第6章）。在一个与世隔绝的中国，一种替代性的、更加整体论的、生态的医学技术能否发展到西方技术所达到的水平？

也许中国的衰落无论如何都会阻止它。正当达伽马、哥伦布和麦哲伦开始他们的环游世界并最终主宰世界的航行时，中国撤回了他们强大的舰队，这支舰队曾在"三宝太监"郑和的领导下航行到非洲，并与非洲进行贸易（Ronan，1978，Vol.3，pp.123-135）。在这一时期，远远领先于西方的中国磁学和地理学知识仍然保存在风水师的罗盘中，但逐渐被迷信窒息。

同样，阿拉伯的科学技术也达到了远超中世纪西方的高度，而且随着阿拉伯文本在"12世纪文艺复兴"时期被翻译成拉丁文，阿拉伯科学技术成为西方科学和逻辑复兴的源泉。早在17世纪，中东阿拉伯国家就有工厂，但很快就出现了衰落（Rodinson，

1974）。一些世界体系理论的经济学家甚至认为，非欧洲区域的衰落实际上是西方经济渗透扩张的产物（Frank，1967）。

然而，亚洲普遍衰落和西方崛起的同时发生可能是一个巧合。在西方入侵之前不久，衰落已开始于中国、印度的莫卧儿帝国和中东。郑和的舰队在中国被解散就是一个很好的例子。在实际的探险家和军队到来之前，入侵的欧洲体系是否会产生经济影响？当然，在西方定居者到来之前的美洲，存在着这样一个衰落的原因。在大批欧洲定居者到达北美东海岸之前几十年甚至几百年，少数欧洲探险家似乎就足以将重大传染病传播到大陆中心。西班牙征服者军队在墨西哥和秘鲁战胜了人数远远超过他们的美洲原住民军队，尤其是皮萨罗（Pizarro）率领着一百多人的军队征服了印加帝国，一直令人费解。如果我们意识到，在征服者到达帝国首都之前，绝大多数阿兹特克人和印加人正在遭受欧洲人早先在沿海登陆时传播的发烧和痢疾，情况就更容易理解了。

然而，在欧洲入侵者到来之前，印度莫卧儿帝国或奥斯曼帝国经济崩溃的经济原因（如果有的话）目前尚不清楚，尽管在经济史和世界体系理论的文献中有各种相互冲突的假说。也许是欧洲入侵之前与西方的贸易"削弱"和破坏了中东、南亚和东亚经济对欧洲的统治和殖民。

贡德·弗兰克（Gunder Frank）在他最近关于"重新定向"的著作中指出，由于白银贸易的经济危机，西方的统治和中国的屈服也许是一个相对短暂的（两个世纪）偶然事件。按照弗兰克的说法，到 21 世纪中叶，中国将会回到其正当的、上千年的、传统的、自我指定的"中央王国"或世界中心（Frank，1998）。一个暗示是，西方对于在墨西哥和秘鲁掠夺的贵金属的使用，为西方提供了一种并非由其可鄙的制造商提供的贸易手段，而英国引入鸦片以及由此导致的广泛成瘾所造成的中国白银流失，也许改变了世界贸易平衡。

与技术决定论者不同，社会建构论者声称，我们当前的科学理论和"事实"之所以显得必然和不可避免，是因为有传播共识和知识的社会过程。各种利益集团和派别都对我们现有的科学技术的发展和稳定做出了贡献（见第 12 章）。同样的偶然性是否也适用于我们目前的整个科学技术？李约瑟关于中国的研究以及关于印度和拉丁美洲、中东、非洲国家的类似研究都引出了这个问题。

不论答案是什么，都会有重大的政治含义。如果一种替代性的、也许在生态上更加慎重和整体论的科学（比如中国、印度和其他非西方文化的本土科学）是可能的，那么认为我们目前的科学技术是其自身无情逻辑的产物就是错误的。悲观主义者（如埃吕尔）和乐观主义者（如现代技治主义者）也许都在使目前的安排更合理。无论是文化悲观主义，还是批判理论家哈贝马斯等人（见第 4 章）所批评的技治主义意识形态，都可能掩盖真正的选择。另一方面，如果技术自主论和技术决定论的论点以及西方科学和理性真正具有普遍性的主张是正确的，那么女性主义者、深生态学家和自称激进的科技改革家对于这种另类科学技术的希望就是一种危险的幻觉（见第 9 章和第 11 章，以及第 1 章对"科学大战"的讨论）。

研究问题

1. 是否可能将一种文化活动的纯技术方面与该活动的仪式、宗教或其他方面截然分开？

2. 你如何区分魔法、科学和宗教？

3. 科学知识本身是对自然的一种真正普遍的描述，还是一种西方的"地方性知识"，通过建立西方式的实验室作为这种"地方性知识"的环境而传播到全球？

4. 本土知识（比如农业或医学的知识）仅仅是科学知识的一种简化的或不准确的例子，还是一种与科学知识完全不同的东西？

5. 如果中国与西方隔绝至今，你认为它会发展出自己品类的先进科学与高技术吗？

第 11 章

反技术：浪漫主义、
勒德主义和生态运动

于春日林间袭来的一个灵感
许会告诉你更多的人生至理，
教你明辨恶善，
绝非圣哲所能比拟。
欢喜之奥义是自然的赐予；
我等乖张的理智，
只会将事物本身的美感扭曲，
肢解即谋杀。

——威廉·华兹华斯，《扭转形势》
（"The Tables Turned"）

一切都在马鞍上，
驾驭人类。

——拉尔夫·瓦尔多·爱默生，《献给 W.H. 钱宁的颂歌》
（"Ode Inscribed to W.H. Channing"）

　　一些思想运动和社会运动对技术非常乐观，它们完全不加批判地赞扬技术。实证主义（见第1章）、正统马克思主义和技治主义（见第6章）就是例子。另一些运动对技术持批评态度，对目前的技术方向持悲观态度。浪漫主义运动就提出了一些重要主题，被后来的许多反技术运动所采用。浪漫主义兴起于18世纪末和19世纪初的诗歌、哲学和视觉艺术，并且在19世纪的大部分音乐中得到延续。

　　本章考察了一些反技术运动，包括浪漫主义运动、工业革命初期破坏机器的原始勒德主义、对勒德主义的现代指控和自指，以及20世纪末的深生态运动和其他激进的生态运动。

浪漫主义

　　浪漫主义在一定程度上是对18世纪末工业革命的一种反应。新工业化城市的污染、城市贫困和丑陋使许多作家和思想家望而却步。浪漫主义也是对理性崇拜（见第4章）以及对18世纪理性时代和启蒙运动时期作家广泛提倡的情感诋毁的一种反应。

　　法国哲学家和教育理论家让-雅克·卢梭（Jean-Jacques Rousseau，1712—1778）是许多浪漫主义者的伟大先驱和灵感来源。他最早的重要作品《论科学与艺术》（*Discourse on the Sciences and the Arts*，1750）与当时的精神背道而驰，认为文明、科学和技术的发展对道德和社会有害。卢梭称赞古代文明英勇而尚武，声称文明导致软弱和颓废。在其教育论著《爱弥儿》（*Emile*，1762）中，卢梭和后来许多浪漫主义作家一样认为，纪律和指导压抑了孩子的自然冲动和创造力。卢梭甚至建议，在孩子达到中学水平之前，不应教他阅读。应当沉浸于大自然中，在森林和田野里，而不是在在课堂上进行教育。对孩子的浪漫主义崇拜再次出现在华兹华斯以及 20 世纪从事进步主义教育的其他许多人的作品中。"高贵的野蛮人"这一概念也影响了后来的人类学和文化理论，即文明出现之前的人，他在精神和人格上都优于文明的异化产物。

卢梭影响的一个例子是，康德晚年的日程非常严格，以至于镇上的人可以通过他每天散步途经的房子来对表，但他只错过了两次散步，一次是法国大革命的消息传来时，另一次则是收到了邮递来的卢梭的一本著作（Cassirer，1963）。许多欧洲人都为卢梭的感伤小说《新爱洛伊丝》（*The New Eloise*，1761）哭泣和陶醉。一位贵妇人在为舞会打扮时碰巧拿起一本卢梭的书，她让她的车夫等一会儿，她读了一会儿书，然后让他再等一会儿，最后让他等了一整夜，没去舞会。

当然，科学的兴起及其成功，包括培根归纳法的成功（见第 1 章），以及早期现代物理学家和天文学家用数学表述自然定律方面的成功，激发并加强了他们对理性的重视。伽利略、牛顿等人在表述运动定律和用数学预测行星运动方面的成功使人们相信数学和实验方法将会解决一切人类问题，包括伦理和政治问题。激情则被认为是无法控制的，需要理性的抑制或引导。浪漫主义者反对这一点，主张情感和激情的重要性。浪漫主义者不重视理性，偏爱激情和想象力，或者在德国浪漫主义哲学家那里，他们所称赞的理性是某种高度直觉的东西，与实验方法或数学方法的追随者先前称赞的理性大不相同。像谢林这样的浪漫主义哲学家和其他"自然哲学家"声称，表现为直觉洞察力和更高想象力的"先验理性"，而不是观察和实验，将会解释事物的结构和终极实在（见第 4 章关于先验理性的讨论）。

浪漫主义也质疑早期现代科学的哲学家所提出的世界观。科学，特别是物理学，成功地用数学和数量描述了世界。此外，物理学用无法直接感知和观察到的原子来解释世界。物理学是用质量、长度和时间而不是其他性质来描述的。例如，经验到的颜色、声音、气味、味道，所谓的"第二性质"，是通过空间性的"第一性质"来解释的。第二性质被认为是我们感官和心灵的主观产物，而不像第一性质那样真实或根本。

浪漫主义者对这种说法的反应是强调，真实的东西是我们直接感知到的颜色和声音。直接经验的大自然才是真实的，而物理学家用原子和几何来描述自然是没有生命的抽象。20世纪的哲学家和数学家怀特海赞同浪漫主义的批评，他把相信抽象之物是实在的、直接感知到的东西是不实在的称为"具体性的误置"。它混淆了我们的理智抽象和实在（见第5章中的类似观点）。

诋毁关于性质、颜色和声音的直接感觉体验，以及将数和量提升为终极实在，可能使人们有理由对新工业城市的丑陋、肮脏和污染缺乏关注。物理学和经济学都处理量。物理学描述实在，经济学计算盈亏，对美和丑的关注被认为是琐碎和无关紧要的。托马斯·卡莱尔和查尔斯·狄更斯（Charles Dickens，1812—1870）等浪漫主义之后的作家指出，处理一切事物（包括道德）的定量方法扼杀了人们的品味和同情心，使教育变得枯燥乏味（保守派的卡莱尔创造了"金钱关系"一词，马克思和恩格斯在《共产党宣言》中借用了这个词）。

当代科技生态批评家所采用的许多浪漫主义思想的一个特征是整体论。整体论是指整体大于各部分的总和。也就是说，整个系统具有不同于其各个部分的性质和特征。

浪漫主义反对分析式的原子论进路。英国诗人华兹华斯有一句名言："肢解即谋杀。"简而言之，这里是对分解成原子式的各个部分的浪漫主义的不信任，以及相信这种进路会破坏正在研究的有机体或系统中有价值的东西。威廉·布莱克（William Blake）同样谴责了原子论和约翰·洛克的做法：

> 德谟克利特的原子，
> 牛顿的光粒子，
> 都是红海岸边的沙子，
> 那里闪耀着以色列的帐篷。
>
> ——威廉·布莱克，《嘲笑吧》（"Mock On"）

在布莱克看来，教导原子论学说就是"教育一个傻瓜如何建造一个由硬币组成的宇宙"（Bronowski，1965，p.137）。和当代的一些后现代科学批评家一样，布莱克将原子论学说和归纳主义与他所反对的政治建制联系起来。

浪漫主义者并不拒斥科学本身，但认为需要一种不同于机械论进路的科学。与机械论观点相反，浪漫主义物理学家提出了一种"动力学"观点，强调力而不是强调物体。一些科学史家认为，奥斯特和法拉第的场物理学进路以及能量守恒概念，其部分或全部表述应当归功于自然是统一的这一浪漫主义观念（Williams，1964）。浪漫主义自然哲学家想要一种直觉的而不是分析的自然研究进路。

在浪漫主义者看来，自然就是直接感知到的性质，就是在日常感知中把握的自然，就是艺术家描绘的自然。同时，"自然"也比文明和教养更重要。重要的是自然的东西，而不是人为的东西。卢梭是这种态度的伟大发起者，他称赞"自然人"，鄙视当时法国社会的人为和虚伪。

浪漫主义者认为，工业革命和新技术摧毁了自然和人文精神。

工业中心喷吐的烟囱和污染的河流破坏了自然，拥挤的、不健康的生活条件、重复的工作、工人的贫困和资本家贪婪的财富追求则摧毁了人性。技术本身如蒸汽机、铁路、磨坊等常常被视为罪魁祸首。布莱克在著名诗作《远古的脚步》（"And Did Those Feet In Ancient Time"）中提到了"黑暗的魔鬼工厂"。罗斯金把乘火车旅行比作包裹运输（Schivelbusch，1979）。不同于文明的人为和城市的丑陋，自然被视为智慧和灵感的源泉。华兹华斯在本章开头的那首诗中声称，"于春日林间袭来的一个灵感"将会传递智慧。

后来的"回归自然"运动，比如19世纪英国的工艺美术运动、20世纪初的德国青年运动、20世纪60年代及以后的反文化运动、过去几十年的生态运动或新纪元运动，都有浪漫主义对野生自然的赞扬、对人为性的批评和对技术的不信任。威廉·莫里斯（William Morris）在19世纪末的工艺美术运动中拒绝接受大规模生产物品的齐一性和缺乏想象力，并强调回到手工艺（Thompson，1977）。德国青年运动将户外徒步旅行和露营与对物理和技术的"无生命"抽象的蔑视结合在一起（Heer，1974）。（海森伯是德国青年运动的追随者，见第6章。）

文本框 11.1　整体论

整体论常常声称，整体决定了各部分的特征。"整体论"一词是20世纪初南非总理兼军事领导人扬·斯穆茨（Jan Smuts，1870—1950）创造的，他过去常在战地指挥部帐篷里阅读康德来放松（1926）。与整体论相反的是原子论，它将整体分解为最小的组成部分。与整体论相反的还有还原论，即认为各个部分是更小的组成部分，它们完全解释了整体或系统，以及／或者它们比整个系统更实在。用一个现代的例子来说，还原论的生物化学家或分子生物学家会把一个活的有机体分解成它的原子和分子，而整体论的有机论生物学家会把注意力集中在整个有机体的功能和行为上，并否认其中一些功能和行为可以通过原子部分的特征得到充分解释。巴里·康芒纳（Barry Commoner, 1967）等有机化学家和生态活动家批评还原论并捍卫整体论，声称生物体和自然系统必须被理解为整体。许多政治生态学家都是整体论者，他们强调环境中所有事物的相互联系，并声称分析式的原子论进路导致技术专家忽视了其技术项目的环境副作用。在讨论这个问题时，不同程度的整体论经常被混淆。最极端的整体论是一元论，它声称只存在一种东西（见文本框 11.2）。一种不那么极端的整体论是有机论。在有机论中，系统是一个决定其各个部分的整体，但各个部分具有相对独立的存在。霍尔丹（J. B. Haldane）和保罗·韦斯（Paul Weiss）等 20 世纪的生物学家一直是有机论者，与机械论者和活力论者（他们声称存在一种独立的生命力）对立。另一种更弱的整体论是关系整体论。这种立场声称，一个系统的所有要素都彼此显著相关，仅由相关的要素是不可能理解这些关系的。一些逻辑实证主义者否认关系整体论真的是整体论，声称接受关系的实在性可以使一个人捍卫原子论和机械论（Bergmann，1958）。另一方面，过程哲学家则声称，关系是唯一的实在，而关系项（relata，如果真的存在）则是更低层次的关系（见文本框12.2）。类似地，一些反原子论者、反机械论生物学家，比如进化论者斯蒂芬·杰伊·古尔德（Stephen Jay Gould，1941—2002）和理查德·勒文廷（Richard Lewontin），反对整体论，因为他们将整体论等同为一元论，尽管他们接近于有机论和关系整体论的立场（见Dusek，1999，Ch.1）。

文本框 11.2   斯宾诺莎、爱因斯坦、一元论和整体论

17世纪的哲学家斯宾诺莎反对数学家—哲学家笛卡尔在心灵与物质之间的截然划分（所谓的笛卡尔二元论）。笛卡尔认为实体有两种基本类型，即物质实体（或物体，笛卡尔将其解释为空间广延）和精神实体（或思想）。斯宾诺莎则认为，心灵与物质，或思想与广延，是背后同一种实体的两个方面，我们不知道这种实体的全部本性，因为它是无限的。斯宾诺莎还对人的身心情感做了深入而细致的分析，和弗洛伊德等20世纪的思想家一样，他被描述成关于精神状态和心身疾病的身体表达的精神分析理论的先驱，强调所有思想的生理基础和情感基础。斯宾诺莎是一个彻底的自然主义者，也就是说，他认为实在的任何方面都是自然世界的一部分。斯宾诺莎是一个

泛神论者，他把上帝等同于自然（"上帝或自然"）。他也是一个一元论者，不仅声称只存在一种实体，而且在数量上也只存在一种实体：上帝＝宇宙。

　　爱因斯坦是斯宾诺莎的崇拜者，他钦佩斯宾诺莎的自然主义和对宇宙的敬畏和崇拜。和斯宾诺莎一样，爱因斯坦也不相信人格的上帝，但对宇宙的奥秘有一种宗教式的敬畏。在爱因斯坦对广义相对论的一些更具思辨性的解释中，只存在时空这一个东西。日常意义上的"物"（粒子）乃是时空中的奇点或扭曲。这个理论（后来被约翰·惠勒［John Wheeler］称为几何动力学）与斯宾诺莎的单一实体观点非常相似。

　　斯宾诺莎的和几何动力学的一元论是整体论的一种极端形式。它不仅声称整体先于各个部分，而且各个部分在最基本的层次上并不真正存在，真正存在的只有整个系统。奈斯和其他一些生态学家支持这种形式的整体论，甚至将它与几何动力学以及斯宾诺莎和泛心论联系起来（Mathews，1991，2003）（关于泛心论，见文本框12.2）。整体具有各个部分所不具有的属性。在许多形式的整体论中，不能只基于认识各个部分的性质来完全解释整体的属性。然而，大多数生物整体论者并不是一元论者。也就是说，即使各个部分彼此密切相关，它们也确实具有独立的存在性。真正的一元论者，如斯宾诺莎，否认各个部分有独立的实在性，它们只是同一种真实实体的"样式"或局部变式罢了（Dusek，1999，Ch.1）。

勒德主义者

在过去的半个世纪里，"勒德主义者"（Luddite）一词最常被用来贬损技术的反对者。反核的示威者、计算机化的反对者和其他技术的批评者被技术的捍卫者称为勒德主义者。有时，组织机构中的人被半开玩笑地称为勒德主义者，仅仅因为他们不愿学习使用新的办公技术或软件，或者学习速度慢。最近，生态运动的一些成员和认为所有现代技术都有害的另一些人自豪地称自己为新勒德主义者。

最初的勒德主义者是 18 世纪末 19 世纪初英国的织布工和其他纺织工人，他们的家庭手工被机械化的织机和纺织厂淘汰。勒德主义者捣毁了工厂机器，以抗议和反对新的工厂制度。他们自称追随这场运动的领袖"内德·勒德将军"（General Ned Ludd），他可能真的存在过，也可能是个虚构人物。不同个人和群体以"勒德将军"或"勒德王"的名义发表了许多信件和宣言。最初的勒德主义者显然主要出于经济动机，布料价格的降低使他们失了业。他们被迫从以工艺为基础的传统家庭作业进入工厂系统，受到劳动纪律的束缚，并且在这个过程中赚的钱更少了（Hobsbawm，1962；Thompson，1968）。

"勒德主义者"一词的现代用法有些误导人。许多反技术的现代改革者要么被技术支持者贬斥为勒德主义者，要么自豪地称自己为新勒德主义者，他们关心的通常不是直接的贫困或失业，而是生活方式问题。所谓的新勒德主义者，实际上更类似于浪漫主义者，他们拒斥技术，认为技术会使幸福生活异化并产生不利影响。（一些浪漫主义者，比如英国诗人拜伦和雪莱，为勒德主义者辩护，但似乎更多是出于激进的政治观点和对受压迫者的同情，而不是出于浪漫主义的自然哲学。）

　　心理学家切利斯·格伦迪宁（Chellis Glendinning）发表了《新勒德主义宣言》（1990）。格伦迪宁不仅关注生活方式问题，而且将当代技术视为对生命和健康的真正威胁。她以前研究过遭受各种核技术和化学技术折磨的人，比如杀虫剂以及导致癌症和疼痛的药物。作为一名心理学家，格伦迪宁将我们对技术的社会成瘾比作毒品和酒精成瘾，认为对技术天花乱坠的宣传报道是促成因素。和当代技术的大多数批评者一样，格伦迪宁并不要求消除所有技术，而是希望发展比现有技术更符合人类福祉和政治民主的不同技术。社会科学家讨论技术选择与社会目的的对立，声称对技术发展的选择着眼于利润，而不是着眼于改善社会。

生态学、自然保护运动和政治生态运动

　　"生态学"（ecology）一词由德国进化论者恩斯特·海克尔于1866 年创造，它是生物学的一个分支，研究生物群落成员之间的相互关系。20 世纪初美国版本的生态学借鉴了丹麦人尤金纽斯·瓦尔明（Eugenius Warming）等人的思想，主要由弗雷德里克·克莱门茨（Frederic Clements）发展起来，重点关注一定区域内动植物群落的演替，比如从池塘到沼泽再到森林的演替。植物生命在一定区域内的演替发展成一个"顶级"群落。群落演替是指一个群落代替另一个群落，最终趋于和谐的平衡。（这里我们可以看到主导技治主义思想的历史进步概念以及 19 世纪和 20 世纪初其他许多历史哲学的影响。）这种早期的生态学也把植物和动物群落视为有机体。克莱门茨从达尔文之前的进化论者、哲学家、社会学家

和后来的社会达尔文主义者赫伯特·斯宾塞（Herbert Spencer）那里借鉴了这种进路。斯宾塞关于自然群落和人类社会的有机论以及海克尔关于人类社会总体的有机论观点都显示了早期生态学与整体论的紧密联系。

斯宾塞和海克尔的影响有一个阴暗面，斯宾塞的许多追随者都有社会达尔文主义和帝国主义的意识形态，还有海克尔主张的一元论社会，有人说，这种社会在海克尔去世后演变成了纳粹运动（Gasman，1971）。美国总统西奥多·罗斯福将帝国主义的社会达尔文主义（主张由盎格鲁—撒克逊人统治"野蛮"种族，就像在美西战争中那样）与环境保护和国家公园系统的创新支持结合在一起。美国自然博物馆前厅的墙上挂着大型壁画，以纪念罗斯福的军事冒险。我曾经在这座博物馆做过一个夏天的志愿者，一位经常去那里参观的生物学家从那座大厅进入了博物馆数百次，但从未注意到这些。

纳粹对生态学和保护自然有着浓厚的兴趣，并将它与种族灭绝政策相结合，视为生物健康统一政策的一部分。在试图消除作为肺癌病因的吸烟方面，纳粹统治下的德国领先其他国家数十年（Proctor，1999）。纳粹有一种培养福柯所说的"生命权力"（Foucault，1976）的政策，它鼓励培育"优等种族"雅利安人，消灭犹太人、斯拉夫人、吉卜赛人和同性恋者。有一张希特勒爱抚小鹿的著名照片，显示他是多么热爱动物。令人惊讶的是，达豪集中营有一个健康食品百草园，为警卫和后来被消灭的一些囚犯提供食物（Harrington，1996）。

在20世纪20年代芝加哥大学和哈佛大学的生物学家和哲学家中，以及20世纪70年代被称作生态运动或绿色运动的政治运动中，生态学与整体论的联系得到复兴。19世纪末的生态学家苏格兰人帕特里克·格迪斯将其生态学进路应用于城市规划，并进而影响了刘易斯·芒福德（Boardman，1944）（见第 8 章关于格迪斯和芒福德的讨论）。

随着 20 世纪 30 年代美国中西部沙尘暴的出现和大萧条时期罗斯福新政的兴起，基于顶级群落概念的整体论生态思想开始主导环境保护运动。据称，拖拉机形式的机械化农业导致了沙尘暴。"种地人……将自己绑在一套不同的锁链上，即技术决定论的锁链"（Worster，1977，p.246）。土地管理的整体论和有机论的进路与个体利益（比如农民、房地产开发商或木材公司的利益）局部、分散和原子式的进路形成了对照。自 19 世纪初的浪漫主义运动和工业革命以来，自然与社会之间的冲突从未像 20 世纪 30 年代那样激烈（Worster，1977，p.237，Ch.12）。

科学生态学开始批判受惠于历史进步论和有机论平衡说的僵化演替和顶级群落概念。牛津的坦斯利（A. G. Tansley）虽然是克莱门茨许多观点的追随者，但他批评一种独特的自然顶级群落概念。后来，坦斯利开始批评生物群落的有机论模式。随着基于热力学定律的生态系统能流概念（斯宾塞在 19 世纪含糊提出的另一个概念）的发展，20 世纪后期的生态学往往强调过程和不平衡。

随着一种达尔文式的、受竞争影响的平衡模型以数学形式在人口科学中发展出来，对不平衡的强调逐渐增加。例如，爱德华·威尔逊（Edward O.Wilson）和罗伯特·麦克阿瑟（Robert MacArthur）的《岛屿生物地理学理论》（*Theory of Island Biogeography*，1967）是在讨论"自然平衡"的谈话中提出的，麦克阿瑟在数学上将其重新表述为一种平衡理论（Quammen，1996，p.420）。

坦斯利的术语"生态系统"，而不是超个体或群落，与查尔斯·埃尔顿（Charles Elton）的食物链和能流概念融合在一起。以竞争为基础的达尔文的"自然的经济",以其导向平衡和优化的经济上"看不见的手",继续产生影响。然而,这种能流经济模型更强调消费和生产、投入和产出的经济概念。"新生态学"也强调整个环境的规划和管理,就像技治主义者强调社会的规划和管理一样。

威尔斯(H. G. Wells)直到生命接近尾声都一直是技治主义规划的拥护者,进化论者朱利安·赫胥黎(Julian Huxley)在 20 世纪 30 年代的基础生物学教科书中写了一章"受控制的生命"(Worster,1977,p.314)。H. T. 奥德姆(H. T. Odum)是做了美国原子能委员会资助的氢弹试验的生态效应研究的奥德姆兄弟之一,他在《环境、权力和社会》(*Environment, Power and Society*,1970)中阐述了技治主义者以精心制造的模式构建社会的梦想。肯尼思·瓦特(Kenneth Watt)在其《生态学与资源管理》(*Ecology and Resource Management*,1968)一书中表明,新的生态学原则很容易符合"对有用组织的收成进行优化"的农学愿望(Bowler,1992,p.540)。瓦特的带有某种特设性(*ad hoc*)色彩的系统理论方法并没有得到受马克思主义影响的数学种群生物学家的青睐。理查德·勒文廷和理查德·莱文斯(Richard Levins)甚至用笔名伊萨多·纳比(Isadore Nabi)来讽刺和嘲笑他的系统方法。他们的要旨是,如果瓦特的系统方法被用于物理学,运动定律就永远不会被发现,生态学也是如此。然而,系统生态学的技治主义版本往往主导着环境管理者。

20 世纪三四十年代,生态科学在很大程度上(虽然不是完全)经历了一种转变,从朝着理想(顶级群落)迈进和自然和谐(通过有机体和平衡的概念)的观点,转向了认为生态系统可能存在许多可能的最终状态的不平衡观点。尽管有这样的发展方向,哈佛大学的社会性昆虫专家威廉·莫顿·惠勒（William Morton Wheeler）强调了"超个体"概念。20 世纪 30 年代，生物化学家和生理学家、《环境的适应性》（*The Fitness of the Environment*）一书的作者亨德森（L. J. Henderson）领导了"哈佛帕累托圈子"（Heyl，1968）。亨德森用化学和生理学的观点支持并解释了 20 世纪初社会学家和经济学家维尔弗雷多·帕累托（Vilfredo Pareto）的观点。帕累托是社会精英理论中的"马基雅维利主义者"之一，受到法西斯主义者墨索里尼的赞扬。这个圈子包括了即将成为重要社会学家的塔尔科特·帕森斯（Talcott Parsons）和乔治·霍曼斯（George C. Homans），科学社会学的奠基者罗伯特·默顿，以及历史学家克兰·布林顿（Crane Brinton；他在《革命解剖学》[*Anatomy of Revolution*] 中的革命模型受到了亨德森版本的帕累托的影响，而它又转而影响了托马斯·库恩的《科学革命的结构》）等人（见第 1 章）。这个群体鼓励一种功能主义的社会观点，认为社会是一种为达到平衡而自我调节的有机体。

　　20 世纪 20 年代，英国数学家、逻辑学家、哈佛形而上学家怀特海发展出了一种与相对论和早期亚原子物理学相结合的"有机哲学"，对有机论生物学家产生了强烈的吸引力。怀特海强调过程优先于永恒的本体，关系优先于简单的性质（见文本框 12.2）。值得注意的是，怀特海还在其《科学与现代世界》（1925）很容易理解和极具影响力的一章中为浪漫主义辩护，反对 18 世纪启蒙运动的机械世界观。在芝加哥大学，生态学家沃德·艾利（Warder Allee）、阿尔弗雷德·爱默生（Alfred Emerson）、托马斯·帕克（Thomas Park）、奥兰多·帕克（Orlando Park）和卡尔·施密特（Karl Schmidt）共同撰写了一部重要的生态学教科书，他们遵循了怀特海的哲学，胚胎学家拉尔夫·利利（Ralph Lillie）和拉尔夫·杰拉德（Ralph Gerard）等生物学家也是如此。群体遗传学数学理论的芝加哥联合创始人塞沃尔·赖特（Sewall Wright）虽然不是艾利小组的成员，但也是一位泛心论过程哲学家，他的观点得到了怀特海的主要弟子的赞扬，但他并未过分宣扬自己的观点，因为这些观点似乎对他的实际研究没有什么明显影响（Provine，1986，pp.95-96）。这种有机论的影响持续到整个20世纪40年代，但大多数生态学家都转向了能量学/经济学的概念。

1970年（美国第一个地球日的那一年）左右，绿色运动或生态运动开始于一场大众政治运动，而不是科学界内部的一种趋势。"生态学"从少数生物学家和环保主义者专长的一个生物学分支扩展到一种大众的社会运动。生态运动在很大程度上保留了一种在静态平衡中和谐的原始自然观作为其理想。新纪元运动的整体论者，比如原先的物理学家弗里乔夫·卡普拉（Fritjof Capra，1982），诉诸生态学和绿色运动来巩固他们的整体论。另一方面，甚至连种群生物学家保罗·埃尔利希（Paul R. Ehrlich）也把他对种群生物学的杰出总结命名为《自然机器》（*The Machinery of Nature*，1986），这一事实表明，大多数现代科学生态学家是多么远离有机论或整体论与作为哲学的机械论的对立。更激进的政治生态学家会对许多系统生态学家和种群生态学家的机械论观点，以及许多系统生态学中对自然的支配或管理伦理观侧目而视。

深生态学

深生态学是由挪威哲学家阿恩·奈斯（Arne Naess，1973）首次命名和表述原则的运动。深生态学认为，科学生态学和环境主义运动的常用进路很"肤浅"，因为它们将自然视为服务于人类利益的对象。深生态学声称，我们必须走得更远，除了服务于人类用途，自然本身就有价值。

深生态运动强调野生自然的内在价值，拒绝将自然视为实现人类福祉的工具，拒绝人类中心主义的自然进路。它与过去两个世纪许多西方思想主张以人类控制自然为目标形成了强烈反差。奈斯的深生态学从早期现代哲学家斯宾诺莎那里获得了灵感，斯宾诺莎采取一种完全自然主义的哲学进路，其目标是，不是把自我等同于那个自私的小我，而是等同于最广阔的环境，最终等同于宇宙。在斯宾诺莎看来，只存在一种真实的实体或事物，那就是整个宇宙，他将其等同于上帝（见文本框 11.2）。后来的一些深生态学哲学家用海德格尔的哲学来支持他们的立场。他们借鉴了海德格尔从一种以人为中心的或主观的进路转向了知识和存在的本性。他们还欣赏海德格尔所认为的不可能在知识中完全理解地球，并把地球（或自然）与科学抽象进行对比（见文本框 5.1）。

对于深生态学家和其他一些激进的政治生态学家来说，主流科学和政府机构的生态学进路太接近深生态学家所反对的对自然的技术统治。许多主流环境科学家和机构使用的术语"管理生态系统"就意味着这种控制。深生态学家声称，这种系统管理本身是疾病的一部分，而不是治疗方法。尽管如此，奈斯本人在阐述深生态学时，有时会陷入技治主义的语言。

生态女性主义

生态女性主义是一种结合了生态关切和女性主义关切的运动。

生态女性主义者声称，父权制，或者男性对社会的支配，与开发和破坏环境的进路有关。在第 9 章中，我们讨论了传统上用来讨论"人与自然"关系的性别隐喻。从弗朗西斯·培根和英国皇家学会的时代到我们这个时代，自然常被描绘成女性，自然的研究者或开发者则被描绘成男性。未开发的土地被称为"处女地"，不毛之地则被称为"不结果实的（不育的）"。许多生态女性主义者声称，女性天生就更喜欢和更认同野性的自然。另一些人则声称，男性掌权的社会结构对性别角色和男女个性的构造使得男性可能采取一种支配自然的态度，女性则倾向于更加尊重和保护自然。

卡伦·沃伦（Karen Warren，2001）列举了父权制与反生态态度之间存在联系的一些方式。其中一些是上面提到的语言联系，另一些则包括等级思维的概念联系，即传统上与男性属性而不是女性属性相关的某些术语的优越性。这些例子包括理性 / 情感、心灵 / 身体、文化 / 自然、人 / 自然以及其他许多例子。前者与男性有关，被认为是优越的，后者与女性有关，被认为是劣等的。

传统上，犹太教—基督教强调人比自然优越，在创造和等级上男人比女人优先。这方面的标准例子是《创世记》中用亚当的肋骨创造了夏娃，以及圣保罗告诫女人应当服从丈夫。

生态女性主义者（特别是关注发展中国家的那些人）指出，妇女的工作，特别是在农业方面的贡献，在发展中国家得不到重视。西方发展援助计划一般会忽视妇女自给性农业的重要作用，鼓励传统上与男性工人有关的工业和农产品行业的发展。

生态女性主义者批评了深生态学，声称尽管深生态学主张拒绝对自然进行支配以及只把自然理解成人的工具，但因其男性起源，深生态学参与了它声称拒绝的等级思维和抽象思维。阿里尔·萨利（Ariel Salleh，1984）指出，其创始人阿恩·奈斯本人就用分析的实证主义哲学进行阐述，他的职业生涯就是以这种哲学开始的（见第 1 章）。奈斯谈到了公理和演绎推论，以及需要使直觉变得精确。他还将他的进路比作一般的系统理论。萨利等生态女性主义者认为，这是对深生态学真正含义的男性主义背叛，而深生态学将使人远离一种形式主义和技治主义的知识进路。

　　尽管存在这些差异，但在对待环境管理和野生动物管理的技治主义和功利主义进路方面，生态女性主义者和深生态学家彼此之间有更多共同点。沃斯特（Worster，1977）和鲍勒（Bowler，1992）等人指出，具有讽刺意味的是，随着科学生态学变得更加严格和定量，本身被奉为一门专业化的学术学科，并对政府和企业政策产生了更大的影响，科学生态学一般会沿一种技治主义方向远离其最初浪漫的有机论灵感，经常与生态科学家自己关于保护野生自然的个人意见相冲突。科学家与绿色运动目标的合作（或至少是支持）是否会使科学本身重新回到一种更加整体论的道路上，这还有待观察（Bowler，1992，pp.550-553）。

人口过剩与新马尔萨斯主义

　　我们在上面顺便提到，20 世纪初的一些整体论运动和一元论运动与纳粹主义联系在一起。事实上，纳粹基于伪生物学理论杀害了数百万所谓"劣等"种族的成员，但却做出了重大努力来保护野生地区和物种，作为其强调的"回归自然"和"血与土"的一部分。因此，正如鲍勒等人所指出的那样，激进的生态学同纳粹右翼和社会无政府主义左翼都有联系（Bowler，1992，pp.437、551）。

　　生态政策政治矛盾情绪的另一个领域是人口限制。反对世界人口过盛的运动被称为"新马尔萨斯运动"，得名于托马斯·马尔萨斯牧师的《人口论》(*Essay on Population*，1803)。马尔萨斯有一个著名的论点，即人口按照数列1、2、4、8、16……以几何级数增长，而粮食产量则按照数列1、2、3、4、5……以算术级数增长，因此人口大大超过了粮食供应。马尔萨斯反对节育，认为"较低"的阶层无法像上层阶层那样实行性方面的自制，因此得出结论，穷人将永远与我们同在。马克思和恩格斯猛烈抨击马尔萨斯，认为他指责穷人贫困，却没有指责资本主义经济制度使他们工作稀缺、工资低廉。根据马克思的说法，马尔萨斯是"统治阶级无耻的献媚者"(Marx and Engels，1954)。

20世纪，保罗·巴兰(Paul Baran，1957)等马克思主义者批评了鸟类生物学家威廉·沃格特(William Vogt，1948)等新马尔萨斯主义生态学家，指出20世纪中叶比利时或英国的人口密度是"人口过剩的"印度的3倍，是苏门答腊、哥伦比亚、伊朗或玻利维亚的20倍(Baran，1957，p.239)。巴兰和其他一些非马克思主义经济学家认为，就欠发达国家的农业地主制度而言，"人口过盛"是组织不良的产物(巴兰等人认为，这些国家并非委婉称呼的"发展中国家"，而是不发达国家，是工业国家的新帝国主义使之陷入贫困)。

罗马天主教作家同样反对马尔萨斯主义，以捍卫天主教会反对节育和堕胎的结果。虽然最严格的反对避孕(在工业化的西方，大多数天主教徒显然没有遵循)与天主教神学最保守的方面联系在一起，但天主教对新马尔萨斯主义的反对往往伴随着左翼的"解放神学"对发展中国家穷人需求的同情。

现代遗传学揭示了早期优生学计划的科学谬误。结果表明，大多数有害基因都是隐性的，并由许多人以单个副本携带，而这些人没有显示出该基因以两个副本存在时引起的疾病。因此，负优生学（至少在 20 世纪末遗传筛查出现之前）不能简单地通过阻止那些带有遗传疾病的人生育而取得成功。此外，许多疾病是由众多基因共同作用而引起的，事实表明，消除"坏"基因要比早期优生学家所认为的更加困难。1945 年，希特勒和纳粹实施的种族灭绝行动曝光后，优生学几乎遭到普遍拒斥。

在简单化的早期优生学衰落之后，许多早期主张通过优生学限制"不合格的""劣等"种族生育的人，转向了洛克菲勒基金会发起的明显更为中性的"人口限制"计划。例如，雷蒙德·珀尔（Raymond Pearl）在其有生之年做出了转变（Allen，1991）。后来，新马尔萨斯主义者有时仍然会赞同在宣传中表现出种族主义倾向的反移民团体。反对马尔萨斯主义的马克思主义者和天主教徒可以指出许多马尔萨斯主义者的阶级和种族偏见，但主张限制不受控制的人口增长是否有效的问题仍然存在。

长期以来，斯坦福大学生态科学家和蝴蝶专家保罗·埃利希一直致力于人口限制，他写过《人口爆炸》（*The Population Bomb*，1968），与安妮·埃利希（Anne Ehrlich）合著《人口激增》（*The Population Explosion*，1991）以及教科书《人口、资源、环境》（*Population, Resources, Environment*，1972）等书籍，也是"人口零增长"（ZPG）组织的倡导者。埃利希本人显然是反种族主义者，曾与雪莉·菲尔德曼（S. Shirley Feldman）合著《种族炸弹》（*The Race Bomb*，1978），并自认为是社会民主派。

然而，一些人批评埃利希早期在《人口爆炸》中把贫困和污染仅仅归咎于人口增长，及其人口零增长的口号，并声称他对资本主义经济学视而不见，对人口众多的欠发达世界有内隐的种族歧视。自从最早出版这一主题的书以来，埃利希就详细阐述了他在平等问题以及人口面对工业化、不发达等因素的作用等方面的立场，同时强调，不受控制的（或任何进一步的）世界人口增长是站不住脚的。

然而，政治立场明显偏右的生物学家盖瑞特·哈丁（Garrett Hardin）拥护更残忍的旧式马尔萨斯主义。（其配偶在美国科学促进会的一次会议上用织针刺伤了一位"科学为人民"组织的成员[Kevles，1977]。）哈丁在其"救生艇伦理"中建议不要为非洲饥荒提供粮食援助，声称这会使人口数量居高不下，从而导致更多饥荒（Hardin，1972，1980）。

生物学家和生态活动家巴里·康芒纳在《贫困如何导致人口过剩（而不是相反）》（1975）一文中总结了对这些观点的批评。康芒纳及其他一些经济学家和人口统计学家声称，工业化前的农业社会鼓励大家庭，经济发展导致出生率逐渐降低。在污染问题上，人们常常指出，发达工业国家产生的固体废物和温室气体会超标许多倍，尽管像中国这样的发展中国家在工业化过程中很快会使其他国家相形见绌。美国使用了世界25%的资源，人口却只占世界总人口的4%，而工业化国家（美国、欧洲国家和日本）使用了世界80%的资源。2004年，中国有100万辆汽车。如果交通私有化导致汽油动力汽车的广泛使用与西方相当，那么中国将拥有数亿辆汽车和严重污染。至少可以说，中国和印度似乎不大可能像目前工业化国家那样以需要消耗大量能源的能源密集型方式发展，尽管有些乌托邦主义者声称，技术进步将允许这种情况发生。

关于非洲的饥荒，一些左翼的人口统计学家和社会学家反对哈丁等人，声称埃塞俄比亚和苏丹饥荒的原因往往是内战和粮食运输的中断，而不是土地完全无力养活人口（Downs et al.，1991；Reyna and Downs，1999）。在非洲其他地区，跨国公司实行的单作（单一作物农业）取代了当地的自给农业，以及甚至在饥荒时期也向更富裕的欧洲市场出口粮食，据称都加剧了非洲的粮食短缺（Lappé et al.，1979；Lappé and Collins，1982）。

生态学家一直认为世界人口需要限制。就地球的承载能力而言，对人口做一些限制似乎是无可争辩的。然而，一些技术乐观主义者、马克思主义者和罗马天主教理论家（出于反对节育和人工流产等非常不同的理由）甚至连这一说法也不同意。20 世纪 60 年代，建筑师、发明家和乌托邦主义者巴克敏斯特·富勒（Buckminster Fuller）曾声称，曼哈顿岛上"有足够的空间跳扭摆舞"（尽管电话亭大小的生活空间似乎有些约束），可以容纳超过全世界的人口。富勒认为他的网格球顶将结束贫困，相信一种不那么浪费的技术将允许人口大量增加。他认为自己的设计科学思想已经驳斥了马尔萨斯主义。

有些作者既不完全赞同富勒和一些否认存在人口过盛问题的罗马天主教作者的极端观点，也不完全赞同对埃利希早期思想的简单化表述"人口 = 贫困 + 污染"，他们试图将限制世界人口的要求与对国家地区之间平等的要求结合起来，避免将所有贫困和污染问题都归咎于人口。

然而，人口过剩理论或新马尔萨斯主义在左翼的社会无政府主义者、右翼的种族主义者和精英阶层中都得到了支持，这一事实表明，我们无法将生态需求与单一的政治立场简单地联系起来。

可持续性

可持续性的隐喻和语言已经成为当今表达对经济和技术的生

态关切的核心方式。这个词的含义非常模糊，可以使持不同生态生存理论的许多不同群体和个人找到共同基础。可持续性听上去不如无政府共产主义和生态区域主义等运动那样激进，尽管如果认真对待，其影响可能同样激进甚至更激进。目前，可持续性在概念上足够广泛，足以包容生态激进分子、政府区域规划者、新自由主义者和提供可持续产品的公司。甚至还有道琼斯可持续发展指数在追踪声称对可持续性有贡献的公司的股票。

试图对可持续性进行定义会导致我们在试图定义技术时遇到的许多问题（见第 2 章）。有一个网站列出了大约 27 个对可持续性的定义。一个区域规划委员会宣称，"可持续性的定义取决于你与谁交谈"。这种说法似乎接受了把定义看成任意的这一传统观念，或是描述性定义的极端个人版本，即每个人都有自己的个人定义。可持续性也有一些或可称为"感觉良好"的定义，声称可持续性就是所有公民同时维持生物多样性、经济发展和个人成长。这听起来不错，如果能做到的话。

尽管有各种各样的定义，但有一些核心因素是许多定义所共有的，或至少存在于许多定义中。一个显然是为后代维持资源和环境的完整性。最早和最有影响力的可持续性定义之一是所谓的《布伦特兰报告》，其正式名称是《我们共同的未来》。世界环境与发展委员会将可持续性定义为"在不损害子孙后代满足自身需求能力的情况下满足现在的需求"（WCED，1987）。此后，从 1992 年 6 月在里约热内卢召开的联合国环境与发展会议开始，这份报告的论题在关于生物多样性的里约会议等随后的会议上得到了详细阐述和澄清。

一些可持续性定义使之成为可持续性的唯一特征，比如被白人定居者称为美洲原住民易洛魁部落的"七民族"的"七世代哲学"。

"可持续农业"的概念早于可持续性的一般概念，也是后者的一个来源，它强调土地资源、土壤肥力不应因其农业用途而减少。灌溉对土壤的淋溶（比如古代美索不达米亚运河的盐渍）、土壤的流失（比如流入密西西比河的北美中西部惊人数量的表土流失），以及集约化农业造成的土壤养分流失，都是可持续农业希望避免的令人不安的例子。关于可持续性的一些农业和生物学上的定义是简单的输入 / 输出定义，与关于机械效率的物理定义类似（见第 12 章）。

这些简单的输入 / 输出的生物效率定义被可持续性的许多拥护者拒斥，因为它们忽视了这些批评者认为对于可持续性至关重要的另外两个因素：首先是维持生物多样性，这不仅仅是维持农业生产力，而且是维持周围生态系统的生物多样性；其次，输入 / 输出形式的定义，甚至是关注子孙后代和维持生物多样性，都忽视了人的因素。人类的舒适、健康和福祉必须得到维护。此外，还应保持人类发展和实现的潜力。

"可持续发展"是在一般的"可持续性"概念之前发明的另一个可持续性术语。自 1992 年以来，联合国设立了一系列可持续发展委员会。

这引导我们尝试对可持续性做出一种全面的定义。可持续性包括：（1）维持资源，特别是可再生资源的使用；（2）将资源、环境和社会利益传给子孙后代；（3）保护生物多样性和环境完整性；（4）维持技术进步和经济发展，增进人类福祉；（5）为人类居民培养和增进一种舒适而充实的生活方式。

可持续性结合了对技术进步和经济发展的倡导、对生物多样性和可再生资源的使用。所有这些合乎愿望的东西是否可以同时维持，目前尚不清楚。可持续性的支持者是乐观主义者，因为他们认为所有这些合乎愿望的东西都可以实现。

研究问题

1. 用"勒德主义者"一词来描述当代技术批评家，在历史上是否准确？

2. 你认为整体论是一种有价值的自然进路吗？整体论是一种有价值的科学进路，还是说，分析式的原子论进路才是唯一可行的进路？

3. 深生态学是一种比以人为中心的观点更为广泛和适当的伦理，还是不人道的、缺乏对人类的恰当考虑的伦理？

4. 你认为生态科学的成果与生态运动的目标之间是否存在冲突？如果是，为什么？如果不是，又是为什么？

5. 你认为人口过剩是粮食短缺、污染和贫困问题的主要来源吗？

6. 你认为可持续性的最佳定义是什么？为什么它比别的定义更好？

第 12 章

社会建构论
与行动者网络理论

社会建构论已成为人文社会科学各个领域研究各种主题的常用方法。它的全盛时期始于 20 世纪 80 年代，尽管建构论哲学、数学和心理学的基础有着深厚的历史根源。建构论的主题可以追溯到至少几个世纪以前的哲学领域，并与知识论、数学、发展心理学、历史和社会理论等领域联系在一起（见文本框 12.1）。

文本框 12.1　建构论在哲学和其他领域中的历史

建构论是近几个世纪哲学发展的一种趋势。最早声称我们的知识是建构的人也许是托马斯·霍布斯和詹巴蒂斯塔·维柯（Giambattista Vico，1668—1744）。这两位哲学家都声称，我们最了解我们自己制造或构造的东西。霍布斯认为，数学和政治国家都是由任意的决定构建的。在数学和科学中，任意的决定是规定性定义（见第 2 章）。

在社会中，决定则是自己在社会契约中服从统治者。维柯声称，我们之所以最了解数学和历史，是因为这两者是我们构建的。对维柯而言，历史是人类在集体行动中创造的。

在许多领域中，建构论的各种思想的主要来源是康德。康德认为数学是构造的（Kant, 1781）。我们通过计数来构造算术，通过在空间中画出假想的线来构造几何学。康德还声称，数学概念是构造的，但哲学（形而上学）概念不是构造的，而是在定义中执意假定的。在康德看来，构建活动源于心灵，各种官能或能力都是心灵构成的一部分。康德与英国经验论者的不同之处在于，他强调在知识的形成过程中，心灵在多大程度上起主动作用。虽然感觉是被动的，但形成概念是主动的。我们组织和构造我们的知识，通过范畴来统一我们的知识。康德将他在认识论上的创新比作"哥白尼式的革命"（哥白尼的天文学革命以太阳取代地球成为太阳系的中心）。有人认为，鉴于康德让主动的自我成为认识的中心，他的革命更像托勒密的地心天文学理论。

康德之后，各种哲学倾向进一步推动了建构论的观念。虽然康德主张我们构造了我们的知识或经验，但他认为存在着一种我们无法认识或描述的独立的物自体，因为我们所认识或描述的一切都是通过我们感性的直观形式和知性的范畴构造出来的。我们可以知道物自体存在着，它是物体抗拒我们欲望的来源，也是我们被动地接受感觉材料的输入来源，但我们不可能知道物自体的任何性质或特征。让康德感到恐惧的是，戈特利布·费希特（Gottlieb Fichte，1794）提出，既然物自体是不可认识的，我们不能对它说任何东西，那么哲学就应该不再讨论物自体，并认为心灵所设定或创造的不仅仅是经验，而且还有实在本身。对费希特来说，心灵"设定"了实在，它的设定甚至先于逻辑法则。在后来的建构论中，那些像康德一样仅仅声称我们的知识是被构造出来的人，与那些像费希特一样声称客体和外部实在本身是被构造出来的人之间存在着差异。

黑格尔为康德的范畴增加了历史维度。康德提出的范畴是普遍的和本质上不变的。康德声称，即使是地外生命和天使也会具有我们的范畴。黑格尔则强调哲学的历史发展，他声称，这些范畴是在时间和历史中发展出来的。甚至在逻辑中，也有一个辩证的范畴序列。例如，黑格尔在其《逻辑学》（1812—1816）的开篇便讨论由"有"产生"无"，再综合为"生成"。黑格尔在其《精神现象学》（1807）中以一种准历史的方式发展了知识和伦理的范畴。古希腊罗马、法国大革命和最近的浪漫主义都提供了伦理和社会范畴序列的例子。后来，德国和意大利的大多数黑格尔主义者都把黑格尔的学说当成一种完全历史的哲学。

马克思和恩格斯认为，范畴的建构并非纯粹的精神序列，而是实际社会历史的经济生产活动的物质过程

（Marx and Engels，1846）。在马克思看来，是实际的社会历史，而不是理想化的精神历史，产生了人们理解世界的框架（意识形态）。

新康德主义学派在19世纪末复兴了康德的思想。新康德主义者的一个分支（马堡学派）侧重于构造律则性的科学知识和数学知识，另一个分支（西南学派）则侧重于构造人文学科中独特个体的历史文化知识（个体性的知识）。律则性与个体性之二分体现在后来逻辑实证主义者与解释学家的对立中（见第1章关于实证主义和第5章关于解释学的内容）。

在19世纪末和20世纪初，数学构造的思想发展成为详细的数学哲学和数学系统的严格建立程序。法国的昂利·庞加莱（他也是混沌理论的祖师爷，见文本框6.2）和荷兰的布劳威尔（L.E.J. Brouwer）声称，数学是由计数能力（布劳威尔）和数学归纳原理（庞加莱）建立起来的，这些概念超出了纯粹的形式逻辑（Poincaré，1902，1913；Brouwer，1907—1955）。构造性数学是数学中一个不断发展的少数派潮流（Bridges，1979；Rosenblatt，1984），并从计算机理论和计算理论中获得了一些革新（Grandy，1977，Ch.8）。建构论教育进路的几位主要理论家都是从数学教育开始的（von Glasersfeld，1995；Ernest，1998）。

20世纪初，英国逻辑学家罗素（Russell，1914）和逻辑实证主义者卡尔纳普（Carnap，1928）提出了世界的逻辑构造概念。根据罗素的逻辑构造学说，我们所有的事实知识都基于直接的感觉经验（或感觉材料）。物理对象只是这些感觉材料的样式和序列。就严格的知识而言，我们通常所说的物理对象是由感觉材料进行的逻辑构造。我们所拥有或经验的各种观点被系统地结合和组织，从而给出了物理对象的概念。这种建构论不同于康德的建构论，它是英国经验论的逻辑发展。然而有趣的是，建构论主题在很大程度上是当代技术哲学中的社会建构论者自认为正在拒斥的逻辑实证主义传统的一部分。至少有一个当代的社会建构论调查和评估包括了逻辑建构论（Hacking，1999）。具有讽刺意味的是，休谟对归纳和因果性的纯逻辑批判导致了逻辑实证主义，但他诉诸"习惯和习俗"来解释我们相信归纳和因果性的心理原因，却与社会建构论的说法非常相似。

康德的建构论思想也在让·皮亚杰（Jean Piaget，1896—1980）的儿童知识增长理论中进入了心理学。皮亚杰的知识进路有非常强烈的康德色彩，尤其是在其早期作品中（Piaget，1930，1952）。与康德不同的是，皮亚杰认为对知识的分类或组织是随着个体成长而发展和变化的，正如黑格尔认为它是在社会中随历史而发展的。在皮亚杰看来，可以表明事物的范畴是经由不同阶段发展起来的。俄国心理学家列夫·维果茨基（Lev Vygotsky，1896—1934）提出了一种认知发展理论，比皮亚杰更强调儿童概念框架发展的社会维度（1925—1934b）。

知识社会学：建构论的序幕

大约在 20 世纪初，格奥尔格·西美尔（Georg Simmel，1858—1918）等受康德影响的社会学家发展了强调社会世界之建构的社会观念。匈牙利人乔治·卢卡奇曾师从社会学家马克斯·韦伯（见第 4 章）、解释学家威廉·狄尔泰（见第 5 章）、与历史导向的新康德主义者有联系的社会学家西美尔。西美尔在《货币哲学》（*Philosophy of Money*，1900）中讨论了货币对现代主体性兴起的普遍影响等社会话题。在一战结束时匈牙利的社会危机期间，卢卡奇几乎一夜之间就从存在主义和新康德主义转向了共产主义，然后提出一种观点认为社会建构了世界范畴，并且在其《历史与阶级意识》（*History and Class Consciousness*，1923）中声称，资本主义和共产主义社会将以不同方式对世界进行分类和理解。在许多方面，卢卡奇都在他自己的思想中重新发现了马克思早期的思想。

由于卢卡奇受过康德和黑格尔哲学的训练，所以他能重新思考马克思本人对之前的德国哲学所做的概念迈进。然而，卢卡奇的结论比马克思的结论更具精神性和唯心论色彩。早期的卢卡奇声称，工人可以在共产主义革命之后获得绝对知识，因为工人的定位使其可以把握资本主义生产的本质和它所产生的"物化"。马克思主义是关于工人运动的理论。马克思主义之所以正确，是因为它反映了工人将会获得的绝对知识。然而，我们之所以能够确信工人运动会实现共产主义，是因为马克思主义是这样说的，而且是正确的。这个论证是循环的。工人的胜利导致了维护马克思主义真理性的观点，而马克思主义历史理论的真理性又保证了工人的胜利。卢卡奇本人后来放弃了这种循环辩护，只是与教条主义的"科学的"马列主义结盟。如果没有这种后来的教条主义，就又会导致相对主义。

　　知识社会学是从马克思主义的意识形态概念（减去马克思主义政治的党派性）发展起来的。知识社会学，比如深受卢卡奇影响的非马克思主义社会学家卡尔·曼海姆的知识社会学，主张知识是由认知者的社会地位和角色所制约和构成的，但并没有赋予工人阶级在掌握真理方面的任何特殊角色（见第 1 章对曼海姆的讨论）。曼海姆声称他的"关系主义"战胜了相对主义（Mannheim，1929）。关系主义通过把不同的意识形态观点联系起来并加以综合来做出裁决。它还承认自身受社会制约，据说这样便可以逃避天真的意识形态立场。曼海姆有时还说"自由浮动的知识分子"比其他阶级（如资本家和工人）更少偏见，并声称知识分子的观点比其他群体更准确。一般认为，曼海姆的解决方案未能完全克服相对主义。然而，他对与社会背景和条件有关的各种思想运动的分析开创了知识社会学。

　　彼得·伯格（Peter Berger）和托马斯·卢克曼（Thomas Luckmann）的《现实的社会建构》（*The Social Construction of Reality*，1966）是一部对后来英语世界的社会建构论产生了重大影响的著作。这部作品的副标题是"论知识社会学"，它以政治中立且易于理解的英语语言表述了类似于卢卡奇和曼海姆的思想。伯格和卢克曼专注于社会知识的构成，但他们的思想可以被科学知识社会学家改动，以适应自然世界的知识（见第 1 章关于科学知识社会学的讨论）。

建构了什么：建构论种种

　　社会建构论（或建构主义）也许是科学知识社会学的主导倾

向。社会建构论后来被用于技术，并且正在成为技术社会理论的一个主要倾向。技术的社会建构论（SCOT）要比科学的社会建构论更少引发争议。这是因为技术的社会建构论不必面对极富争议的知识论问题，而科学知识社会学则必须面对这些问题。声称人工物或装置是建构的，理论是建构的，这些说法在形而上学上并无争议。将"社会"这一形容词添加到对建构的说明中，使它在描述上不同于对人工物和理论的具体建构的说明，但并未提出关于实在的基本问题（尽管后者提出了关于知识本性的问题）。科学知识社会学必须面对一个明显更具哲学思辨性的主张，即科学事实和科学对象是社会建构的。

社会建构论的科学知识社会学最具哲学争议的方面是声称，事实或物理对象和事件是社会建构的（见第1章）。要使这种说法听起来无害，可以说科学"事实"仅仅是科学界所接受的那些陈述，科学"对象"仅仅是科学理论所接受的那些对象的概念或名称。然而，如果除了我们关于事实或对象存在的信念是被建构的以外还有更多的主张，比如我们关于事实或对象的信念与事实或对象本身没有区别，那么我们就会陷入我们世界知识的客观性或主体性程度的哲学问题。问题涉及对象、事件和事实是否独立于对它们的认识或构造而存在。科学知识社会学家有时自称只是在做社会学，而没有提出哲学主张，但这与科学知识社会学的拥护者有时提出的明显哲学的主张相冲突。

技术的社会建构论似乎比自然的或物理现实的社会建构论更合理，也更少争议，因为技术人工物确实是制造出来的，设备、人工物或发明实际是从物理上构造的。由于它们的构造涉及人们的合作，甚至是利用他人的技术、观点和事实，所以这种构造显然是社会性的。此外，还从概念上构建了理论和模型。就他人的概念被利用而言，无论是过去的还是现在的，这种构造也是社会性的。此外，由于技术的主动性和操作性，技巧、指导原则、概念和理论被嵌入了技术人工物的物理构造。社会建构的概念与社会建构的装置的相互渗透在技术中是显而易见的。这比在科学中更明显，因为传统上把科学理解为纯理论知识。

同样，在社会建构论中，声称社会团体和社会制度是社会建构的，要比声称科学的对象和事实是社会建构的更少争议。例如，哲学家约翰·塞尔（John Searle）在《社会实在的建构》（*The Construction of Social Reality*，1995）一书中极力反对物理对象或科学对象的社会建构，但却对制度的社会建构做了说明。塞尔为有关物理世界的"原始事实"概念做辩护，这与社会建构的物理事实概念截然不同。然而，他详细阐述了作为社会建构的社会事实的概念。（塞尔诉诸"施为的""言语行为"，即创造社会关系或制度。例如婚姻中的"我愿意"，以及协议或合同中的"我承诺"。）

技术的技术系统进路强调，技术系统既涉及物理制品，又涉及技术的生产者、维护者和消费者的社会关系。因此，技术人工物的社会生产与这些群体的社会生产相互交织。所以，在系统进路中，塞尔和科学方面的其他反建构论者在关于装置的纯物理技术的原始事实与关于社会关系制度的纯社会建构事实之间做出的截然区分变得模糊了。

科学的社会建构的争议主张，即声称事实、现实和自然都是社会建构的，对于思考技术远没有那么重要。然而，技术的社会建构论的一个方面类似于对事实的社会建构，那就是声称技术设备的有效运作是社会建构的。也就是说，建构论进路没有把有效的运作或"工作"视为物理上给定的东西，而是视为一种社会安排。在工程中，一个设备的效率被认为是能量输入与能量输出的纯定量比率。然而在实践中，一个设备是否被认为"运转良好"，却取决于用户组的特性和兴趣。同样的设备可能被一组用户认为有效，而被另一组用户认为无效。比耶克在关于自行车的研究中显示了大轮自行车是如何被年轻的运动者视为能起作用的和有用的，但被其他日常使用者视为危险的和不稳定的（Bijker，1995）。

社会建构论者强调，技术人工物只是不同群体赋予它的意义的总和。纯粹的技术社会建构论导致了这样一种观点，即不存在中立的物理设备，只存在不同群体赋予它的不同意义和评价。这便引出了与人的态度无关的对象的实在性这个形而上学问题。例如，实在论者会声称，能量和功的输入和输出都是物理实在，即使不同群体可能会根据他们的标准、目标和需求认为同一设备"有效"或"低效"。然而，社会建构论者在关注技术时所面临的形而上学问题要远远少于社会建构论者对科学进行说明时。

温纳对社会建构论的批评

温纳指出，社会建构论与政治科学中的多元论有一些共同的特征和弱点（Winner，1993）。多元主义者反对马克思主义、权力精英理论等统治理论，这些理论认为，存在着统治阶级或权力精英在统治社会。多元主义者否认存在统治精英，并声称政治决策是一些利益集团相互作用的产物。多元主义的批评者指出，其中一些群体，比如非常富有的人，在社会政策上的影响力远远大于其他群体，比如非常贫穷的人。此外，多元主义者研究拟议的可能政策之间的冲突，但忽视了从未列入议程的可能政策，因为它们被辩论条款排除在外。批评人士认为，最强大的群体规定了辩论中的备选方案，并且制定了议程。

温纳声称，社会建构论者强调影响技术发展的群体的多样性，但没有注意到其中一些群体如何主导着技术发展，而另一些群体实际上没有发言权。例如，业主和管理者的利益决定了工厂技术的设计，几乎完全排除了工人的愿望和利益（Noble，1984）。

温纳对社会建构论的上述批评本身并不是对一般或抽象的社会建构论论题的批评。也就是说，技术人工物仍然可以由社会构建，但完全或主要是根据一个主导群体的目标和价值来构建的。然而在实践中，那些自称社会建构论者的人确实反对温纳的主张和批评。针对幼稚的观察者可能认为的"相同"的技术装置，社会建构论者强调解释的灵活性和意义的多样性。

史蒂夫·伍尔加（Steve Woolgar）和马克·埃拉姆（Mark Elam）对温纳批评的反应表明，自由主义的甚至自由意志论的多元论在多大程度上被纳入了许多社会建构论（Elam，1994）。温纳以罗伯特·卡罗（Robert Caro，1975）著作中的纽约城市规划师罗伯特·摩西（Robert Moses）为例，摩西在通往长岛海滩的高速公路上建造了立交桥，立交桥的高度足够私人汽车使用，但对于公共汽车在下面行驶又太低了。卡罗和温纳声称，摩西这样做是为了防止贫穷的纽约人，特别是非裔美国人使用公共海滩。伍尔加和埃拉姆强调，还有其他可能的各种解释。温纳反驳伍尔加说，对于摩西的动机和目标只有一个正确解释，即使我们不知道它是什么，因此隐含着一种形而上学的实在论。（摩西曾经命令公共游泳池保持低温，因为他经常误以为非裔美国人不会在冷水中游泳，这个事实可以用来支持关于摩西试图将非裔美国人排除在海滩等公共设施之外的说法。）

温纳批评伍尔加的进路对政治漠不关心，但埃拉姆却为伍尔加的立场辩护，认为这是一种自由主义的或自由意志论的讽刺。维贝·比耶克强调社会建构论的政治含义和运用（Bijker，1995，p.289）。和许多建构论者一样，比耶克指出，认识到关于技术设备及其"运作"的终止辩论或共识的社会性，可以使技术的批评者不再听任于技术决定论。尽管如此，社会建构论并不自动意味着一种左翼政治。环保主义者诉诸"硬科学事实"来支持他们的观点，可能希望否认科学技术的社会建构性。同样，维护现状的人可以利用社会建构论的洞见来推进他们自己的权力和说服策略。例如，一些保守的社会建构论者声称，公民对空气污染的反对仅仅是原始的禁忌和净化仪式（Douglas and Wildavsky，1982）。社会建构论可以被用于政治目的，但不能预先确定它可用来支持哪种政治立场。

温纳对社会建构论提出的另一个批评是，它强调对技术的创造和接受，但不强调技术的影响。科学的社会建构论主要涉及理论的创造和实验观察。以之前的科学工作为模型，研究技术的社会建构论者利用对构建理论和数据的描述作为构建技术的模型。社会建构论者也许会回应说，技术的"影响"是在群体归于技术的意义系统中进行讨论的。然而，建构论者强调的重点是技术本身的生产，而不是技术所带来的制度和态度上更广的社会变迁。

行动者网络理论作为对社会建构的替代

布鲁诺·拉图尔虽然经常因其《实验室生活》(*Laboratory*

Life）第一版的副标题"一个科学事实的社会建构"（*The Social Construction of a Scientific Fact*）而与社会建构联系在一起，但却成了社会建构论的批评者。（该书第二版从副标题中删除了"社会"一词，声称对社会的强调具有误导性。）拉图尔、米歇尔·卡隆（Michel Callon）和约翰·劳（John Law）成为行动者网络理论的支持者。在行动者网络理论中，参与者既包括人类行动者，也包括实验动物和无生命物体。人类社会并没有被赋予特别的优先性。拉图尔称要素为行动者，包括非人的生物和物理对象。行动者被招募到网络中。在拉图尔早期的理论中，社会建构可能会强调只有人类个体研究者才有资格支持一个职位，但行动者网络理论还会提到实验室生物和仪器等非人元素拥有同等的"被招募"的资格。

拉图尔批评社会建构论过分强调人的思想或社会在构建技术人工物和自然方面的力量（Latour, 1992）。社会建构论是康德（见文本框 12.1）关于心灵组织世界的观念的变体，即使康德那里抽象而普遍的心灵被社会建构论中一组社会互动的个体所取代。行动者网络理论并不希望预先判断任何行动者的相对能力或影响。

此外，根据卡隆的说法，技术系统与社会或宇宙的其余部分之间的界限不必划定。技术系统无法与社会或自然的其余部分完全分开。

约翰·劳强调，看似纯粹的物理工程师实际上正是约翰·劳所说的异质工程师，他不仅建造物理制品，也建造社会。人工制品的工程不应作为"工程"与引入新技术（如汽车或电网）所涉及的社会变迁分开。

行动者网络理论与过程哲学有一些相似之处和明确关联，特别是怀特海的过程哲学，拉图尔在最近的作品中经常提到他（见文本框 12.2）。

文本框 12.2 过程哲学

行动者网络理论与过程哲学有一些相似之处和明确关联。过程哲学是一个集合名词，用来描述 20 世纪之初的一些哲学体系。过程哲学源于法国人昂利·柏格森（Henri Bergson, 1911）、英国人塞缪尔·亚历山大（Samuel Alexander, 1916—1918）和怀特海（Whitehead, 1929）的作品，部分源于美国实用主义哲学家查尔斯·皮尔士、威廉·詹姆士、约翰·杜威、乔治·赫伯特·米德（George Herbert Mead）的作品。过程哲学家在一定程度上受到了生物进化论的影响，尽管柏格森和皮尔士等人拒绝接受达尔文自然选择的进化版本，而支持一种更有目的的进化。爱因斯坦的狭义相对论影响了一些过程哲学家，比如米德（Mead, 1932），特别是怀特海（Whitehead, 1922）。

过程哲学认为，宇宙中的最终实体并非持久的事物或实体，而是过程。它在西方哲学中最古老的先驱是前苏格拉底哲学家赫拉克利特，他的名言包括"一个人不能两次踏入同一条河流""每天的太阳都是新的"。怀特海的过程哲学（以及詹姆士和米德的过程哲学）也使关系成为中心。实在的基本材料（基本的形而上学要素）不是事物或实体，而是关系。根据詹姆士的说法，与康德不同，我们感知到的是关系，而不是将感觉经验的片段与我们的心灵结合起来。在这一点上，詹姆士类似于现象学，并且实际上也影响了现象学（见 Gurwitsch, 1964 和本书第 5 章）。怀特海还持有泛心论学说，在这种学说中，实在的最终要素不是物质粒子，而是心灵的东西。拉图尔在他后来的著作和演讲中经常提到怀特海的泛心论。

　　拉图尔和行动者网络理论家将他们的网络要素指定为行动者，而且没有将人类行动者与通常被认为无机和惰性的物理对象区分开来，这与怀特海的泛心论有些相似。不同之处在于，传统的泛心论者，比如 17 世纪的数学家—哲学家莱布尼茨和 20 世纪的怀特海，只将心灵（Leibniz, 1714）或感觉（Whitehead, 1929）的属性归于他们认为的有机单元。聚集物，比如桌子或岩石，并没有被赋予意识或感觉，尽管分子或器官可能被赋予。

　　怀特海对关系的强调显然符合行动者网络理论。在行动者网络理论中，网络或者毋宁说网络的产生是最重要的，它先于其原子论个体，或至少不是由其原子论个体建立的。此外，拉图尔还将爱因斯坦的狭义相对论与社会科学中的关系进路和相对主义进路进行了（有争议的）类比（Latour, 1988）。

　　有趣的是，科学技术学的另外两位领袖唐娜·哈拉维和安德鲁·皮克林最近也提到了怀特海，并且利用了他的思想。和拉图尔一样，哈拉维与皮克林也强调混合的或居间的存在，比如哈拉维使用的人机结合，这样意向性就不单单被归于人了（Haraway and Pickering, 转引自 Ihde and Selinger, 2003）。奇怪的是，皮克林是间接通过后现代法国理论家吉尔·德勒兹（Gilles Deleuze, 1966,

1988）和保罗·维利里奥（Paul Virilio, 2000）了解到其英国同胞思想家怀特海（他和皮克林一样对数学物理学感兴趣）的思想的。最好是消除中间人。

研究问题

1. 你认为社会建构论的哪些版本是正确的，或不正确的？"事实和技术人工物的社会建构"是否正确地将两者设置为社会建构的？

2. 你认为社会建构论应用于科学比应用于技术更合理吗？

3. 温纳对社会建构论的批评是否切中了目标？例如，社会建构论是一种忽视了实际引导技术发展的主导利益的多元论吗？

4. 你认为是否可以证明技术设备的"效率"是一种社会结构，而不仅仅是用物理量来衡量投入和产出？

参考文献

Achterhuis, H. (ed.) (2001) *American Philosophy of Technology: The Empirical Turn* (trans. R. Crease). Bloominton: Indiana University Press.

Ackermann, R. J. (1985) *Data, Instruments and Theory: A Dialectical Approach to the Understanding of Science*. Princeton, NJ: Princeton University Press.

Ackroyd, P. (1996) *Blake*. New York: Norton.

Adas, M. (1989) *Machines as the Measure of Men: Science, Technology, and the Ideologies of Western Dominance*. Ithaca, NY: Cornell University Press.

Adorno, T. W. (1998) *Critical Models: Interventions and Catchwords* (trans. H. W. Pickford). New York: Columbia University Press.

Agassi, J. (1971) *Faraday as a Natural Philosopher*. Chicago: University of Chicago Press.

Agassi, J. (1981) *Science and Society: Studies in the Sociology of Science*. Dordrecht: Reidel.

Agassi, J. (1985) *Technology: Philosophical and Social Aspects*. Dordrecht: Reidel.

Agre, P. (1997) *Computation and Human Experience*. Cambridge: Cambridge University Press.

Agre, P. and Chapman, D. (1991) What are plans for? In P. Maes (ed.), *Designing Autonomous Agents: Theory and Practice from Biology to Engineering and Back*. Cambridge, MA: MIT Press.

Alcoff, L. and Potter, E. (eds) (1993) *Feminist Epistemologies*. London: Routledge.

Alexander, S. (1916—1918) *Space, Time and Deity*. New York: Humanities Press (1950).

Allen, G. (1991) Old wine in new bottles: from eugenics to population control in the work of Raymond Pearl. In K. Benson, J. Maienschein and R. Rainger (eds), *The Expansion of American Biology*. New Brunswick, NJ: Rutgers University Press.

Allen, S. G. and Hubbs, J. (1980) Outrunning Atalanta: feminine destiny in alchemical transmutation. *Signs: Journal of Women in Culture and Society*, 6(2), 210–221.

Althusser, L. (1966) *For Marx*. London: New Left Books.

Arditti, R., Klein, R. D. and Mindin, S. (eds) (1984) *Test-tube Woman: What Future for Motherhood?* Boston: Routledge.

Arendt, H. (1929) *Love and Saint Augustine* (ed. J. V. Scott and J. C. Stark). Chicago: University of Chicago Press (1996).

Arendt, H. (1958) *The Human Condition*. Chicago: University of Chicago Press (2nd edn, 1998). Selection in Scharff and Dusek, pp.352–368.

Arendt, H. (1964) *Eichmann in Jerusalem: A Study in the Banality of Evil*. New York: The Viking Press.

Aristotle (1985) *Nichomachean Ethics* (trans. T. Irwin). Indianapolis: Hackett (selection in Scharff and Dusek, pp.19–22).

Aron, R. (1962) *The Opium of the Intellectuals*. New York: Norton.

Ashman, K. M. and Baringer, P. S. (eds) (2001) *After The Science Wars*. London: Routledge.

Atwell, W. S. (1986) Some observations on the seventeenth century crisis in China and Japan. *Journal of Asian Studies*, 14(2), 223–244.

Ayer, A. J. (ed.) (1959) *Logical Positivism*. Glencoe, IL: Free Press.

Bacon, F. (1620) *Novum Organum* (trans. and ed. P. Urbach and J. Gibson). Chicago: Open Court Publishing (1994) (selection in Scharff and Dusek, pp.29–31).

Bacon, F. (1624) *The New Atlantis*. In *The New Atlantis and The Great Instauration* (trans. J. Weinberg). Wheeling, IL: Harlan Davidson (1989). (selection in Scharff and Dusek, pp.31–34).

Bagdigian, B. H. (2004) *The New Media Monopoly*. Boston: Beacon Press.

Bailes, K. E. (1978) *Technology and Society under Lenin and Stalin: Origins of the Soviet Technical Intelligentsia, 1917–1941*. Princeton, NJ: Princeton University Press.

Baran, P. (1957) *The Political Economy of Growth*. New York: Monthly Review Press.

Barlow, J. P. (1996) A declaration of independence of cyberspace. Electronic Frontier Foundation (www.eff.org/~barlow).

Baudrillard, J. (1995) *The Gulf War Did Not Take Place* (trans. P. Patton). Bloomington: Indiana University Press.

Bell, D. (1960) *The End of Ideology: On the Exhaustion of Political Ideas in the Fifties*. Glencoe, IL: Free Press.

Bell, D. (1973) *The Coming of Post-industrial Society: A Venture in Social Forecasting*. New York: Basic Books.

Benbow, C. P. and Stanley, J. C. (1980) Sex differences in mathematical reasoning ability: Fact or artifact? *Science*, 210 (4475), 1262–1264.

Berger, P. and Luckmann, T. (1966) *The Social Construction of Reality: A Treatise on the Sociology of Knowledge*. Garden City, NY: Doubleday Anchor.

Bergmann, G. (1958) *Philosophy of Science*. Milwaukee: University of Wisconsin Press.

Bergmann, P. G. (1974) Cosmology as a science. In R. J. Seeger and R. S. Cohen (eds), *Philosophical Foundations of Science*. Dordrecht: Reidel.

Bergson, H. (1911) *Creative Evolution* (trans. A. Mitchell). New York: H. Holt and Co.

Berle, A. and Means, G. (1933) *The Modern Corporation and Private Property*. New York: Macmillan.

Beveridge, W. I. B. (1957) *The Art of Scientific Investigation*. New York: Norton.

Bijker, W. E. (1995) *Bicycles, Bakelites and Bulbs: Toward a Theory of Sociotechnical Change*. Cambridge, MA: MIT Press.

Bijker, W. E., Hughes, T. P. and Pinch, T. (eds) (1987) *The Social Construction of Technological Systems*. Cambridge, MA: MIT Press (selection from Introduction in Scharff and Dusek, pp.221–232).

Bijker, W. and Law, J. (eds) (1994) *Shaping Technology/Building Reality*. Cambridge, MA: MIT Press.

Blake, W. (1977) *The Complete Poems* (ed. A. Ostriker). London: Penguin.

Bloor, D. (1976) *Knowledge and Social Imagery*. Chicago: University of Chicago Press (2nd edn 1991).

Boardman, P. (1944) *Patrick Geddes: Maker of the Future*. Chapel Hill: University of North Carolina Press.

Borgmann, A. (1984) *Technology and the Character of Contemporary Life*. Chicago: University of Chicago Press (selection in Scharff and Dusek, pp.293–314).

Borgmann, A. (1995) Information and reality at the turn of the century. *Design Issues*, 11(2), 21–30 (also in Scharff and Dusek, pp.571–577).

Borgmann, A. (1999) *Holding on to Reality: The Nature of Information at the Turn of the Millennium*. Chicago: University of Chicago Press.

Borgmann, A. (2003) *Power Failure: Christianity and the Culture of Technology*.

Grand Rapids, MI: Brazos Press.

Boulding, K. E. (1968) *Beyond Economics: Essays on Society, Religion, and Ethics*. Ann Arbor: University of Michigan Press.

Bowler, P. J. (1992) *The Norton History of the Environmental Sciences*. New York: W. W. Norton.

Bown, N., Burdett, C. and Thurschwell, P. (eds) (2004) *The Victorian Supernatural*. Cambridge: Cambridge University Press.

Braverman, H. (1974) *Labor and Monopoly Capital*. New York: Monthly Review Press.

Brecht, B. (1938) *The Life of Galileo* (trans. D. I. Vesey). London: Methuen.

Breggin, P. and Breggin, G. (1994) *The War against Children: How the Drugs, Programs, and Theories of the Psychiatric Establishment Are Threatening America's Children with a Medical "Cure" for Violence*. New York: St Martin's Press.

Bridges, D. S. (1979) *Constructive Functional Analysis*. London: Pitman.

Bronowski, J. (1965) *William Blake in the Age of Revolution*. New York: Harper & Row.

Bronowski, J. (1973) *The Ascent of Man*. Boston: Little, Brown.

Brouwer, L. E. J. (1907—1955) *Collected Works*. Amsterdam: North Holland.

Brown, H. I. (1988) *Rationality*. London: Routledge.

Brumbaugh, R. S. (1966) *Ancient Greek Gadgets and Machines*. New York: Crowell.

Bryld, M. and Lykke, N. (2000) *Cosmodolphins*. London: Zed Books.

Brzezinski, Z. (1970) *Between Two Ages: America's Role in the Technetronic Era*. New York: Viking.

Buchdahl, G. (1961) *The Image of Newton and Locke in the Age of Reason*. London: Sheed and Ward.

Bunge, M. (1967) *Scientific Research II: The Search for Truth*. New York: Springer-Verlag.

Bunge, M. (1979) Philosophical inputs and outputs of technology. In G. Buliarello and D. B. Doner (eds), *History of Philosophy and Technology*. Urbana: University of Illinois Press (also in Scharff and Dusek, pp.172–181).

Bunkle, P. (1984) Calling the shots? The politics of Depo-Provera. In R. Arditi, R. D. Klein and S. Minden (eds), *Test Tube Women*. New York: HarperCollins.

Bursill-Hall, G. L. (1972) *Grammatica Speculativa of Thomas of Erfurt*. London: Longman.

Campbell, D. T. (1974) Evolutionary epistemology. In P. A. Schilpp (ed.) *The Philoso-*

phy of Karl Popper. LaSalle, IL: Open Court.

Capra, F. (1982) *The Turning Point: Science, Society and the Rising Culture*. New York: Simon & Schuster.

Carnap, R. (1928) *The Logical Structure of the World* (trans. R. A. George). Berkeley: University of California Press (1967).

Carnap, R., Hahn, H. and Neurath, O. (1929) The scientific conception of the world: the Vienna Circle. In M. Neurath and R. S. Cohen (eds), *Otto Neurath: Empiricism and Sociology*. Dordrecht: Reidel (1973) (selection in Scharff and Dusek, pp.86–95).

Caro, R. A. (1975) *Power Broker: Robert Moses and the Fall of New York*. New York: Vintage Books.

Carson, R. (1962) *Silent Spring*. Boston: Houghton Mifflin.

Cassirer, E. (1923) 1953 *Philosophy of Symbolic Forms. Volume 1, Mythic Thought* (trans. R. Mannheim). New Haven, CT: Yale University Press (1953).

Cassirer, E. (1948) *The Myth of the State* (trans. R. Mannheim). New Haven, CT: Yale University Press.

Cassirer, E. (1963) *Rousseau, Kant, and Goethe, Two Essays* (trans. J. Gutmann, P. O. Kristeller and J. H. Randall Jr). New York: Harper Books.

Chodorow, N. (1978) *The Reproduction of Mothering*. Berkeley and Los Angeles: University of California Press.

Collins, H. (1985) *Changing Order: Replication and Induction in Scientific Practice*. Chicago: University of Chicago Press.

Commoner, B. (1967) *Science and Survival*. New York: Viking.

Commoner, B. (1975) How poverty causes overpopulation (and not the other way around). *Ramparts*, Aug/Sept, 21–25, 58–59. Also in C. Merchant (ed.), *Ecology*. Atlantic Highlands, NJ: Humanities Press (1994).

Comte, A. (1830) *Introduction to Positive Philosophy* (ed. and trans. F. Ferre). Indianapolis: Hackett Publishing Company (1988) (selection in Scharff and Dusek, pp.45–59).

Conway, F. and Siegelman, J. (2005) *Dark Hero of the Information Age: In Search of Norbert Wiener, the Father of Cybernetics*. New York: Basic Books.

Cowan, R. S. (1983) *More Work for Mother: The Ironies of Household Technology from the Open Hearth to the Microwave*. New York: Basic Books.

Cowan, R. S. (1997) *A Social History of American Technology*. New York: Oxford University Press.

Crease, R. P. (ed.) (1997) *Hermeneutics and the Natural Sciences*. Dordrecht: Kluwer Academic.

Cromer, A. (1993) *Uncommon Sense: The Heretical Nature of Science*. New York: Oxford University Press.

Dahrendorf, R. (1965) *Society and Democracy in Germany*. Garden City, NY: Doubleday.

Davidson, B. (1959) *The Lost Cities of Africa*. Boston: Little Brown and Company.

Davidson, B. (1965) *A History of West Africa to the Nineteenth Century*. London: Longmans Green and Company.

Dawkins, R. (1976) *The Selfish Gene*. Oxford: Oxford University Press.

Deleuze, G. (1966) *Bergsonism*. Cambridge, MA: Zone Books (1990).

Deleuze, G. (1988) *The Fold: Leibniz and the Baroque*. Minneapolis: University of Minnesota Press (1993).

Dewey, J. (1931) *Context and Thought*. Berkeley: University of California Press. Also in Dewey, *Later Works, Volume 6*. Carbondale: Southern Illinois University Press.

Diacu, F. and Holmes, P. (1996) *Celestial Encounters: The Origins of Chaos and Stability*. Princeton, NJ: Princeton University Press.

Dobbs, B. J. T. (1991) *The Janus Faces of Genius: The Role of Alchemy in Newton's Thought*. Cambridge: Cambridge University Press.

Dowd, D. (1964) *Thorstein Veblen*. New York: Washington Square Press.

Downs R. E., Kerner, D. and Reyna, S. P. (eds) (1991) *The Political Economy of African Famine*. New York: Gordon and Breach.

Douglas, M. (1980) *Edward Evans-Pritchard*. New York: Viking.

Douglas, M. and Wildavsky, A. (1982) *Risk and Culture: An Essay on the Selection of Technical and Environmental Dangers*. Berkeley: University of California Press.

Dreyfus, H. L. (1965) *Alchemy and Artificial Intelligence*. RAND Corporation paper P-3244.

Dreyfus, H. L. (1972) *What Computers Can't Do: The Limits of Artificial Intelligence*. New York: Harper & Row.

Dreyfus, H. L. (1992) *What Computers Still Can't Do: A Critique of Artificial Reason*. Cambridge, MA: MIT Press.

Dreyfus, H. L. (1999) Anonymity versus commitment: the dangers of education on the Internet. *Ethics and Information Technology*, 1, 15 – 21 (also in Scharff and Dusek, pp.578 –584).

Dreyfus, H. L. and Dreyfus, S. E. (1986) *Mind over Machine: The Power of Human*

Intuition and Expertise in the Era of the Computer. New York: Free Press.

Dreyfus, H. L. and Spinosa, C. (1997) Highway bridges and feasts: Heidegger and Borgmann on how to affirm technology. *Man and World*, 30 (2), 159–177 (selection in Scharff and Dusek, pp.315–326).

Drucker, P. F. (1993) *Post-capitalist Society*. New York: HarperBusiness.

Durkheim, E. (1897) *Suicide* (trans. J. A. Spaulding and G. Simpson). Glencoe, IL: Free Press (1951).

Dusek, V. (1998) Where learned armies clash by night. *Continental Philosophy Review*, 31, 95–106.

Dusek, V. (1999) *The Holistic Inspirations of Physics: An Underground History of Electromagnetic Theory*. New Brunswick, NJ: Rutgers University Press.

Easlea, B. (1980) *Witch-hunting, Magic and the New Philosophy*. Atlantic Highlands, NJ: Humanities Press.

Eccles, Sir J. C. (1953) *The Neurophysiological Basis of Mind: The Principles of Neurophysiology*. Oxford: Clarendon Press.

Eccles, Sir J. C. (1994) *How the Self Controls Its Brain*. Berlin: Springer-Verlag.

Eddington, Sir A. S. (1934) *New Pathways in Science*. Ann Arbor: University of Michigan Press (1959).

Editors of *Lingua Franca* (2000) *The Sokal Hoax: The Sham that Shook the Academy*. Lincoln: University of Nebraska Press.

Ehrlich, P. R. (1968) *The Population Bomb*. New York: Ballantine.

Ehrlich, P. R. (1986) *The Machinery of Nature*. New York: Simon & Schuster.

Ehrlich, P. R. and Ehrlich, A. H. (1972) *Population, Resources, Environment*. New York: W. H. Freeman.

Ehrlich, P. R. and Ehrlich, A. H. (1991) *The Population Explosion*. New York: Harper-Touchstone.

Ehrlich, P. R. and Feldman, S. S. (1978) *The Race Bomb: Prejudice, Skin Color and Intelligence*. New York: Quadrangle Books.

Elam, M. (1994) Anti anticonstructivism or laying the fears of a Langdon Winner to rest, with Reply by Winner, *Technology and Human Values*, 19(1), 101–109 (selection in Scharff and Dusek, pp.612–616).

Ellul, J. (1954) *The Technological Society* (trans. J. Wilkinson). New York: Alfred A. Knopf (1964) (selection in Scharff and Dusek, pp.182–186).

Ellul, J. (1962) *Propaganda: The Formation of Men's Attitudes* (trans. K. Kellen and J. Lerner). New York: Vintage (1973).

Ellul, J. (1980) *The Technological System* (trans. J. Neugroschel). New York: Continuum (selections in Scharff and Dusek, pp.386–397).

Elsner, H. Jr (1967) *The Technocrats: Prophets of Automation*. New York: Syracuse University Press.

Engels, F. (1882) The part played by labor in the transition from ape to man. Appendix to *Dialectics of Nature* (trans. C. Dutt). New York: International Publishers (1940) (selection in Scharff and Dusek, pp.71–77).

Engels, F. (1874) On authority. In K. Marx and F. Engels, *Basic Writings on Politics and Philosophy* (ed. L. Feuer). Garden City, NY: Doubleday (1959) (also in Scharff and Dusek, pp.78–79).

Ernest, P. (1998) *Social Constructivism as a Philosophy of Mathematics*. Albany: State University of New York Press.

Farley, J. and Geison, G. L. (1974) Science, politics, and spontaeous generation in nineteenth century France: the Pasteur–Pouchet debate. *Bulletin of the History of Medicine*, 48, 161–198.

Farrington, B. (1964) *Greek Science: Its Meaning for Us*. Baltimore: Penguin.

Fausto-Sterling, A. (2000) *Sexing the Body: Gender Politics and the Construction of Sexuality*. New York: Basic Books.

Feenberg, A. (1991) *Critical Theory of Technology*. New York: Oxford University Press.

Feenberg, A. (1992) Subversive rationality: technology, power, and democracy. *Inquiry*, 35(3/4), 301–322 (revised version (2003) Democratic rationalization: technology, power, and freedom, in Scharff and Dusek, pp.652–665).

Feenberg, A. (1995) *Alternative Modernity: The Technical Turn in Philosophy and Social Theory*. Berkeley: University of California Press.

Feenberg, A. (1999) *Questioning Technology*. London: Routledge.

Feenberg, A. (2002) *Transforming Technology: A Critical Theory Revisited*. New York: Oxford University Press.

Feenberg, A. and Hannay, A. (eds) (1995) *Technology and the Politics of Knowledge*. Bloomington: Indiana University Press.

Feyerabend, P. (1981) Historical introduction. In *Philosophical Papers. Volume 2, Problem of Empiricism*. Cambridge: Cambridge University Press.

Fichte, J. G. (1794) *Theory of Science: Attempt at a Detailed and in the Main Novel Exposition of Logic with Constant Attention to Earlier Authors* (ed. and trans. R. George). Berkeley: University of California Press (1972).

Finley, M. I. (1983a) *Ancient Slavery and Modern Ideology* (ed. B. D. Shaw and R. P. Saller). New York: Penguin.

Finley, M. I. (1983b) *Economy and Society in Ancient Greece*. New York: Penguin.

Firestone, S. (1970) *The Dialectic of Sex: The Case for Feminist Revolution*. New York: Morrow.

Fitzpatrick, J. (1992) The Middle Kingdom, the Middle Sea, and the geographic pivot of history. *Review*, 15(3), 477–521.

Foucault, M. (1976) *History of Sexuality, Volume 1* (trans. R. Hurley). New York: Pantheon Books (1978).

Foucault, M. (1977) *Discipline and Punish: The Birth of the Prison* (trans. A. Sheridan). New York: Pantheon Books.

Fox, N. (2002) *Against the Machine*. Washington, DC: Shearwater Books.

Frank, A. G. (1967) *Capitalism and Underdevelopment in Latin America: Case Studies of Chile and Brazil*. New York: Monthly Review Press.

Frank, A. G. (1998) *Orientation: Global Economy in an Asian Age*. Berkeley: University of California Press.

Fraser, N. (1987) What's critical about critical theory? The case of Habermas and gender. In S. Benhabib and D. Cornell (eds), *Feminism as Critique*. Minneapolis: University of Minnesota Press.

Frazer, Sir J. G. (1890) *The Golden Bough: A Study in Magic and Religion* (3rd edn, 13 vols, 1935). New York: Macmillan.

Freudenthal, G. (1986) *Atomism and Individualism in the Age of Newton*. Dordrecht: Reidel.

Fromm, E. (1961) *Marx's Concept of Man, with a Translation of Marx's Economic and Philosophical Manuscripts by T. B. Bottomore*. New York: Frederick Ungar.

Fuller, S. (1988) *Social Epistemology*. Bloomington: Indiana University Press. Fuller, S. (1997) *Science*. Minneapolis: University of Minnesota Press.

Galbraith, J. K. (1967) *The New Industrial State*. New York: New American Library.

Galison, P. (1987) *How Experiments End*. Chicago: University of Chicago Press.

Gasman, D. (1971) *The Scientific Origins of National Socialism: Social Darwinism in Ernst Haeckel and the German Monist League*. New York: American Elsevier.

Geison, G. L. (1995) *The Private Science of Louis Pasteur*. Princeton, NJ: Princeton University Press.

Gendron, B. (1977) *Technology and the Human Condition*. New York: St Martin's Press. Ghiselin, M. T. (1969) *The Triumph of the Darwinian Method*. Berkeley:

University of California Press.

Gilbert, W. (1996) A vision of the Grail. In D. Kevles and L. Hood (eds), *The Code of Codes*. Cambridge, MA: Harvard University Press.

Glendinning, C. (1990) Notes toward a neo-Luddite manifesto. *Utne Reader*, 38(1), 50–53 (also in Scharff and Dusek, pp.603–605).

Golinski, J. (1998) *Making Natural Knowledge*. Cambridge: Cambridge University Press.

González, R. J. (2001) *Zapotec Science: Farming and Food in the Northern Sierra of Oaxaca*. Austin: University of Texas Press.

Goodyear, C. (1855) *Gum Elastic*. New Haven, CT: published by author. Reproduced in *A Centennial Volume of the Writings of Charles Goodyear and Thomas Hancock*. Boston: Centennial Committee, American Chemical Society (1939).

Goodwin, F. (1992) Violence initiative. Address to the Meeting of the National Mental Health Advisory Council, February 11.

Gould, S. J. (1980) Darwin's middle way. In *The Panda's Thumb*. New York: Norton.

Graham, A. C. (1978) *Later Mohist Logic, Ethics, and Science*. Hong Kong: Chinese University Press (reissued New York: Columbia University Press, 2003).

Grandy, R. E. (1977) *Advanced Logic for Applications*. Boston: Reidel.

Greenfield, P. (1991) Language, tool and brain: phylogeny and ontogeny of hierarchically organized sequential behavior. *Behavior and Brain Sciences*, 14, 531–595.

Gurwitsch, A. (1964) *Field of Consciousness*. Pittsburgh: Duquesne University Press.

Habermas, J. (1970) *Toward a Rational Society*. Boston: Beacon Press (selection in Scharff and Dusek, pp.530–535).

Habermas, J. (1971) *Knowledge and Human Interests* (trans. J. Shapiro). London: Heinemann.

Habermas, J. (1987) *Theory of Communicative Action, Volume 2. Lifeworld and System: A Critique of Functionalist Reason* (trans. T. McCarthy). Boston: Beacon Press.

Habib, I. (1969) Potentialities of capitalist development in the economy of Mughal India. *Journal of Economic History*, 29(1), 32–78.

Hacking, I. (1983) *Representing and Intervening*. Cambridge: Cambridge University Press.

Hacking, I. (1999) *The Social Construction of What?* Cambridge, MA: Harvard University Press.

Haeckel, E. (1868) *The History of Creation*. New York: D. Appleton.

Haeckel, E. (1869) *Ueber Arbeitsheilung in Natur und Menschenleben*. Berlin: n.p.

Hammer, C. and Dusek, V. (1995) Brain difference research and learning styles literature: from equity to discrimination. *The Feminist Teacher*, Fall/Winter, 76–83.

Hammer, C. and Dusek, R. V. (1996) Anthropological stories and educational results [peer commentary]. *Behavior and Brain Science*, June, 357.

Hannah-Barbera (2003) *Scooby-Doo: Space Ape at the Cape* (videotape). Haywood, CA: Warner Brothers.

Hanson, N. R. (1958) *Patterns of Discovery*. Cambridge: Cambridge University Press.

Hanson, N. R. (1964) Stability proofs and consistency proofs: a loose analogy. *Philosophy of Science*, 31(4), 301–318.

Haraway, D. (1985) Manifesto for cyborgs: science, technology and socialist feminism in the 1980s. *Socialist Review*, 80, 65–108 (expanded version in *Simians, Cyborgs and Women*, selection of latter version in Scharff and Dusek, pp.429–450).

Haraway, D. (1989) *Primate Visions: Gender, Race, and Nature in the World of Modern Science*. New York: Routledge.

Haraway, D. (1991) *Simians, Cyborgs, and Women: The Reinvention of Nature*. New York: Routledge.

Hardin, G. (1972) *Exploring New Ethics for Survival: The Voyage of the Spaceship Beagle*. New York: Viking.

Hardin, G. (1980) *Promethean Ethics: Living with Death, Competition, and Triage*. Seattle: University of Washington Press.

Harding, S. (ed.) (1976) *Can Theories Be Refuted? Essays on the Duhem-Quine Thesis*. Boston: Reidel.

Harding, S. (1986) *The Science Question in Feminism*. Ithaca, NY: Cornell University Press.

Harding, S. (1991) *Whose Science, Whose Knowledge?* Ithaca, NY: Cornell University Press.

Harding, S. (1998) *Is Science Multicultural? Postcolonialisms, Feminisms and Epistemologies*. Bloomington: Indiana University Press (selection in Scharff and Dusek, pp.154–169).

Harré, R. (1970) *The Principles of Scientific Thinking*. Chicago: University of Chicago Press.

Harrington, A. (1996) *Reenchanted Science*. Cambridge, MA: Harvard University Press.

Havelock, E. A. (1963) *Preface to Plato*. Cambridge, MA: Belknap Press.

Hayek, F. A. (1952) *The Sensory Order: An Inquiry into the Foundations of Theoretical Psychology*. Chicago: University of Chicago Press.

Hayek, F. A. (1955) *The Counter-revolution in Science: Studies in the Abuse of Reason*. Glencoe, IL: Free Press.

Hayles, N. K. (1990) *Chaos Bound: Orderly Disorder in Contemporary Literature and Science*. Ithaca, NY: Cornell University Press.

Hayles, N. K. (ed.) (1991) *Chaos and Order: Complex Dynamics in Literature and Science*. Chicago: University of Chicago Press.

Hearnshaw, L. S. (1979) *Cyril Burt: Psychologist*. London: Hodder and Stoughton.

Hebb, D. O. (1949) *The Organization of Behavior*. New York: Wiley.

Heelan, P. J. (1983) *Space Perception and the Philosophy of Science*. Berkeley: University of California Press.

Heer, F. (1974) *The Challenge of Youth* (trans. G. Skelton). Montgomery: University of Alabama Press.

Hegel, G. W. F. (1807) *The Phenomenology of Mind* (trans. J. B. Baillie). New York: Harper & Row (1967).

Hegel, G. W. F. (1812–1816) *Logic* (trans. A. V. Miller). Oxford: Oxford University Press (1969).

Heidegger, M. (1916) *Die Kategorien- und Bedeutungslehre des Duns Scotus*. Tübingen: Nachdruck (1972).

Heidegger, M. (1927) *Being and Time* (trans. J. Macquarrie and E. Robinson). Oxford: Blackwell (1962).

Heidegger, M. (1954) The question concerning technology. In *The Question Concerning Technology and Other Essays* (trans. W. Lovitt). New York: Harper & Row (1977) (also in Scharff and Dusek, pp.252–265).

Heilbroner, R. L. (1953) *The Worldly Philosophers: The Lives, Times, and Ideas of the Great Economic Thinkers*. New York: Simon & Schuster.

Heilbroner, R. L. (1967) Do machines make history? *Technology and Culture*, 8, 335–345 (also in Scharff and Dusek, pp.398–404).

Heilbroner, R. L. (1978) Inescapable Marx. *New York Review of Books*, 25(11).

Heims, S. J. (1980) *John von Neumann and Norbert Wiener: From Mathematics to the Technologies of Life and Death*. Cambridge, MA: MIT Press.

Heims, S. J. (1991) *Constructing a Science for Postwar America: The Cybernetics Group 1946–1953*. Cambridge, MA: MIT Press.

Heisenberg, W. (1958) *Physics and Philosophy: The Revolution in Modern Science*.

New York: Harper.

Heisenberg, W. (1971) *Physics and Beyond: Encounters and Conversations* (trans. A. J. Pomerans). New York: Harper.

Heisler, R. (1989) Michael Maier and England. *The Hermetic Journal* (www.levity. com/ alchemy/h_maier.html).

Heldke, L. (1988) John Dewey and Evelyn Fox Keller: a shared epistemological tradition. *Hypatia*, 3(summer), 114−144.

Henderson, L. D. (1983) *The Fourth Dimension and Non-Euclidean Geometry in Modern Art.* Princeton, NJ: Princeton University Press.

Henderson, L. D. (1998) *Duchamp in Context: Science and Technology in the Large Glass and Related Works.* Princeton, NJ: Princeton University Press.

Herf, J. (1984) *Reactionary Modernism: Technology, Culture, and Politics in Weimar and the Third Reich.* Cambridge: Cambridge University Press.

Herken, G. (2002) *Brotherhood of the Bomb: The Tangled Lives and Loyalties of Robert Oppenheimer, Ernest Lawrence, and Edward Teller.* New York: Henry Holt and Co.

Hertsgaard, M. (1997) Our real China problem. *Atlantic Monthly*, November. Hesse, M. (1966) *Models and Analogies in Science.* Evanston, IL: Northwestern University Press.

Heyl, B. S. (1968) The Harvard Pareto Circle. *Journal of the History of the Behavioral Sciences*, 4(4), 316−334.

Hobsbawm, E. (1962) *The Age of Revolution.* New York: New American Library.

Horton, R. (1967) African traditional thought and Western science. In B. Wilson (ed.), *Rationality.* Oxford: Blackwell (1970).

Hubbard, R. (1983) Have only men evolved? In S. Harding and M. B. Hintikka (eds), *Discovering Reality: Feminist Perspectives on Epistemology, Metaphysics, Methodology, and Philosophy of Science.* Dordrecht: Reidel.

Hughes, T. P. (2004) *The Human-built World: How to Think about Technology and Culture.* Chicago: University of Chicago Press.

Husserl, E. (1936) *The Crisis of European Science and Transcendental Phenomenology: An Introduction to Phenomenological Philosophy.* Evanston, IL: Northwestern University Press (1970).

Ihde, D. (1990) *Technology and the Lifeworld: From Garden to Earth.* Bloomington: Indiana University Press (selection in Scharff and Dusek, pp.507−529).

Ihde, D. (1991) *Instrumental Realism: The Interface between Philosophy of Science and Philosophy of Technology*. Bloomington: Indiana University Press.

Ihde, D. (1998) *Expanding Hermeneutics: Visualism in Science*. Evanston, IL: Northwestern University Press.

Ihde, D. and Selinger, E. (eds) (2003) *Chasing Technoscience: Matrix for Materiality*. Bloomington: Indiana University Press.

Jarvie, I. C. (1967) Technology and the structure of knowledge. *Dimensions of Exploration* pamphlet, Department of Industrial Arts and Technology, College of Arts and Sciences, Oswego, NY. Revised reprint in C. Mitcham and R. Mackey (eds), *Philosophy and Technology*. New York: Free Press.

Jay, M. (1993) *Downcast Eyes: The Degradation of Sight in Twentieth-century French Thought*. Berkeley: University of California Press.

Jeansonne, G. (1974) The automobile and American morality. *Journal of Popular Culture*, 8, 125–131. Reprinted in L. Hickman and A. Al-Hibri (eds), *Technology and Human Affairs*. St Louis, MO: C. V. Mosby.

Joseph, G. G. (1991) *The Crest of the Peacock: Non-European Roots of Mathematics*. New York: Penguin.

Kahneman, D. and Tversky, A. (1973) On the psychology of prediction. *Psychological Review*, 80, 237–251.

Kant, I. (1781) *The Critique of Pure Reason* (trans. W. S. Pluhar). Indianapolis: Hackett (1996).

Kant, I. (1791) *The Critique of Judgment* (trans. W. S. Pluhar). Indianapolis: Hackett (1987).

Kaplan, F. (1983) *The Wizards of Armageddon*. New York: Simon & Schuster.

Keller, E. F. (1985) *Reflections on Gender and Science*. New Haven, CT: Yale University Press.

Kevles, D. J. (1977) *The Physicists: The History of a Scientific Community in Modern America*. New York: Knopf.

Kinder, H. and Hilgemann, W. (1964) *The Anchor Atlas of World History, Volume 1* (trans. E. A. Menze). New York: Bantam Doubleday Dell (1974).

Kitcher, P. (1993) *The Advancement of Science: Science without Legend, Objectivity without Illusions*. Oxford: Oxford University Press.

Kline, S. J. (1985) What is technology? *Bulletin of Science, Technology and Society*, 1, 215–218 (also in Scharff and Dusek, pp.210–212).

Koertge, N. (ed.) (1997) *A House Built on Sand: Flaws in the Cultural Studies Account of Science*. Oxford: Oxford University Press.

Kowarski, L. (1971) Scientists as magicians: since 1945. Boston Colloquium for the Philosophy of Science, October 26.

Kuhn, T. (1962) *The Structure of Scientific Revolutions*. Chicago: University of Chicago Press (2nd edn 1970).

Labib, S. Y. (1969) Capitalism in medieval Islam. *Journal of Economic History*, 29(1), 79–96.

Landau, M. (1991) *Narratives of Human Evolution*. New Haven, CT: Yale University Press.

Landes, D. S. (1983) *Revolution in Time: Clocks and the Making of the Modern World*. Cambridge, MA: Belknap Press.

Lane, F. G. (1969) Meanings of capitalism. *Journal of Economic History*, 29(1), 5–12. Lapp, R. (1965) *The New Priesthood: The Scientific Elite and the Uses of Power*. New York: Harper & Row.

Lappé, F. M. and Collins, J., with Fowler, C. (1979) *Food First: Beyond the Myth of Scarcity*. New York: Ballantine.

Lappé, F. M. and Collins, J. (1982) *World Hunger: Ten Myths*, 4th edn. San Francisco: Institute for Food and Development Policy.

Laplace, P. S. de (1813) *Philosophical Essay on Probabilities* (trans. F. W. Truescott and F. L. Emory). New York: Dover Publications (1951).

Latour, B. (1987) *Science in Action: How to Follow Scientists and Engineers through Society*. Cambridge, MA: Harvard University Press.

Latour, B. (1988) A relativist account of Einstein's relativity. *Social Studies of Science*, 18, 3–44.

Latour, B. (1992) One more turn after the social turn ... In E. McMullin (ed.), *The Social Dimensions of Science*. Notre Dame, IN: University of Notre Dame Press.

Latour, B. (1993) *We Have Never Been Modern* (trans. C. Porter). Cambridge, MA: Harvard University Press.

Latour, B. (1996) Do scientific objects have a history? Pasteur and Whitehead in a bath of lactic acid. *Common Knowledge*, 5(1), 76–91.

Latour, B. (1999) *Pandora's Hope*. Cambridge, MA: Harvard University Press (selection in Scharff and Dusek, pp.126–137).

Latour, B. and Woolgar, S. (1979) *Laboratory Life: The Construction of Scientific Facts*. London: Sage (with a new postscript, Princeton, NJ: Princeton University Press, 1986).

Leibniz, G. F. von (1714) *Discourse on Metaphysics, Correspondence with Arnauld, and Monadology* (trans. G. R. Montgomery). La Salle, IL: Open Court (1902).

Lettvin, J., Maturana, H. R., McCulloch, W. S. and Pitts, W. H. (1959) What the frog's eye tells the frog's brain. *Proceedings of the IRE*, 47(11), 1940—1959 (reprinted in W. S. McCulloch, *Embodiments of Mind*. Cambridge, MA: MIT Press).

Lévy-Bruhl, L. (1910) *Primitive Mentality*. Boston: Beacon Press (1966).

Lévy-Bruhl, L. (1949) *Notebooks on Primitive Mentality*. Oxford: Blackwell (1973).

Locke, J. (1689) *An Essay Concerning Human Understanding* (ed. P. Nidditch). Oxford: Oxford University Press (1975).

Lovelock, J. E. (1984) *Gaia: A New Look at Life on Earth*. Oxford: Oxford University Press.

Lowrance, W. W. (1976) *Of Acceptable Risk: Science and the Determination of Safety*. Los Altos, CA: William Kaufmann.

Lukács, G. (1923) *History and Class Consciousness*. Cambridge, MA: MIT Press (1971).

Lyotard, J.-F. (1979) *The Post-modern Condition*. Minneapolis: University of Minnesota Press (1984).

McCulloch, W. S. (1943—1964) *Embodiments of Mind*. Cambridge, MA: MIT Press (1988).

McDermott, R. E., Mikulak, R. J. and Beauregard, M. R. (1996) *The Basics of FMEA*. Quality Resources.

McLuhan, M. (1964) *Understanding Media: Extensions of Man*. New York: McGraw-Hill.

Macpherson, C. B. (1962) *The Political Theory of Possessive Individualism: Hobbes to Locke*. Oxford: Oxford University Press.

Malinowski, B. (1922) *Argonauts of the Western Pacific: An Account of Native Enterprise and Adventure in the Archipelagoes of Melanesian New Guinea*. New York: Dutton (1961).

Malinowski, B. (1925) Magic, science, and religion. In *Magic, Science, and Religion and Other Essays*. New York: Doubleday Anchor (1948).

Malthus, T. (1803) *An Essay on the Principle of Population*. New York: Penguin (1983).

Manuel, F. E. (1962) *The Prophets of Paris*. Cambridge, MA: Harvard University Press.

Mannheim, K. (1929) *Ideology and Utopia* (trans. L. Wirth and E. Shils). London: Routledge & Kegan Paul (1936).

Mannheim, K. (1935) *Man and Society in an Age of Reconstruction*. London: Routledge.

Mannheim, K. (1950) *Freedom, Power, and Democratic Planning*. New York: Oxford University Press.

Marcuse, H. (1932) The foundations of historical materialism. In *Studies in Critical Philosophy*. Boston: Beacon Press (1972).

Marcuse, H. (1964) *One-dimensional Man*. Boston: Beacon Press (selection in Scharff and Dusek, pp.405 – 412).

Marcuse, H. (1965) Industrialism and capitalism in the work of Max Weber. In *Negations* (trans. J. Shapiro). Boston: Beacon Press (1968).

Marglin, S. (1974) What do bosses do? *Review of Radical Political Economy*, Summer, 33 – 60.

Marx, K. (1852) *The Eighteenth Brumaire of Louis Napoleon*. New York: International Publishers.

Marx, K. (1859) *A Contribution to the Critique of Political Economy*. New York: International Publishers (1970) (selection in Scharff and Dusek, pp.69 –71).

Marx, K. (1867—1887) *Capital*, three volumes. New York: Penguin (1992—1993).

Marx, K. (1963) *Early Writings* (ed. T. Bottomore). New York: McGraw-Hill.

Marx, K. and Engels, F. (1846) *German Ideology*. Moscow: Progress Publishers (1968).

Marx, K. and Engels, F. (1848) *The Communist Manifesto*, and *The Principles of Communism*, by F. Engels (trans. P. Sweezey). New York: Monthly Review Press.

Marx, K. and Engels, F. (1954) *Marx and Engels on Malthus: Selections from the Writings of Marx and Engels Dealing with the Theories of Thomas Robert Malthus* (trans. L. Meek and R. L. Meek). New York: International Publishers.

Mathews, F. (1991) *The Ecological Self*. London: Routledge.

Mathews, F. (2003) *For Love of Matter: A Contemporary Panpsychism*. Albany: State University of New York Press.

Mayo, D. and Hollander, R. (1991) *Acceptable Evidence: Science and Values in Risk Management*. New York: Oxford University Press.

Mayr, E. (1957) Species concepts and definitions. In E. Mayr (ed.), *The Species Problem*. Washington, DC: AAAS.

Mead, G. H. (1932) *The Philosophy of the Present* (ed. A. E. Murphy). Chicago: Open Court.

Merchant, C. (1980) *The Death of Nature: Women, Society and the Scientific Revolution*. New York: Harper & Row.

Merchant, C. (1983) Mining the earth's womb. In J. Rothschild (ed.), *Feminist Per-*

spectives on Technology. Oxford: Pergamon Press (also in Scharff and Dusek, pp.417–428).

Merleau-Ponty, M. (1942) *The Structure of Behavior* (trans. A. L. Fisher). Boston: Beacon Press (1963).

Merleau-Ponty, M. (1945) *Phenomenology of Perception* (trans. C. Smith). New York: Humanities Press (1962).

Merleau-Ponty, M. (1964a) *Signs*. Evanston, IL: Northwestern University Press.

Merleau-Ponty, M. (1964b) *The Visible and the Invisible; Followed by Working Notes* (ed. C. Lefort, trans. A. Lingis). Evanston IL: Northwestern University Press (1968).

Merton, R. K. (1938) Science and the social order. *Philosophy of Science*, 5(3), 321–337 (also in *Social Theory and Social Structure*).

Merton, R. K. (1942) Science and democratic structure. *Journal of Legal and Political Sociology*, 1 (also in *Social Theory and Social Structure*).

Merton, R. K. (1947) *Social Theory and Social Structure*. Glencoe, IL: Free Press.

Merton, R. K. (1961) Singletons and multiples in scientific discovery. *Proceedings of the American Philosophical Society*, 105(5), 470–486; reprinted in *Sociology of Science*.

Merton, R. K. (1973) *Sociology of Science*. Chicago: University of Chicago Press.

Mill, J. S. (1843) *A System of Logic*. Charlottesville, VA: Lincoln-Rembrandt.

Mills, C. W. (1962) *The Marxists*. New York: Dell.

Minsky, M. L. and Papert, S. (1969) *Perceptrons: Introduction to Computational Geometry*. Cambridge, MA: MIT Press (exp.edn 1990).

Moir, A. and Jessel, D. (1992) *Brain Sex: The Real Difference between Men and Women*. New York: Dell.

Moss, L. (2002) *What Genes Can't Do*. Cambridge, MA: MIT Press.

Moss, L. (2004a) Human nature, Habermas, and the anthropological framework of critical theory. Unpublished.

Moss, L. (2004b) Human nature, the genetic fallacy, and the philosophy of anthropogenesis. Unpublished.

Mumford, L. (1934) *Technics and Civilization*. New York: Harcourt Brace Jovanovich (1963).

Mumford, L. (1966) The concept of the megamachine. In P. H. Oehser (ed.), *Knowledge among Men: Eleven Essays on Science Culture and Society Commemorating the 200th Anniversary of the Birth of James Smithson*. New York: Simon &

Schuster (also in Scharff and Dusek, pp.348–351).

Mumford, L. (1967) *The Myth of the Machine: Technics and Human Development*. New York: Harcourt Brace Jovanovich (selection in Scharff and Dusek, pp.344–348).

Murray, G. (1925) *Five Stages of Greek Religion*, 2nd edn. New York: Columbia University Press.

Myrdal, G. (1942) *An American Dilemma: The Negro Problem and Modern Democracy*. New York: Harper & Row.

Myrdal, G. (1960) *Beyond the Welfare State: Economic Planning and Its International Implications*. New Haven, CT: Yale University Press.

Nabi, I. (pseudonym of R. Levins and R. Lewontin) (1981) On the tendencies of motion. *Science and Nature*, 4, 62–66.

Naess, A. (1973) The shallow and the deep, long range ecology movement. *Inquiry*, 18, 95–100 (also in Scharff and Dusek, pp.367–370).

Needham, J. (1954–) *Science and Civilisation in China*. Cambridge: Cambridge University Press.

Nelson, D., Joseph, G. G. and Williams, J. (1993) *Multicultural Mathematics: Teaching Mathematics from a Global Perspective*. Oxford: Oxford University Press.

Nelson, L. H. (1990) *Who Knows: From Quine to Feminist Empiricism*. Philadelphia: Temple University Press.

Noble, D. (1984) *The Forces of Production: A Social History of Industrial Automation*. Oxford: Oxford University Press.

Noble, D. (1992) *A World without Women: The Christian Clerical Culture of Western Science*. New York: Oxford University Press.

Noble, D. (1993) Upon opening the black box and finding it empty: social constructivism and the philosophy of technology. *Science, Technology and Human Values*, 18(3), 362–378 (also in Scharff and Dusek, pp.233–244).

Norris, C. (1992) *Uncritical Theory: Postmodernism, Intellectuals and the Gulf War*. Amherst: University of Massachusetts Press.

Oakley, A. (1974) *The Sociology of Housework*. New York: Pantheon Books.

Odum, H. T. (1970) *Environment, Power, and Society*. New York: Wiley-Interscience.

Ogburn, W. F. (1922) *Social Change with Respect to Culture and Original Nature*. New York: B. W. Huebsch.

Ong, W. J. (1958) *Ramus: Method, and the Decay of Dialogue: from the Art of Discourse to the Art of Reason*. Cambridge, MA: Harvard University Press.

Ormrod, S. (1994) Let's nuke the dinner: discursive practices of gender in the creation of new cooking process. In C. Cokburn and R. F. Dilic (eds), *Bringing Technology Home: Gender and Technology in a Changing Europe*. Buckingham: Open University Press.

Ortega y Gasset, J. (1939) *History as a System, and Other Essays on Philosophy of History*. New York: Norton (1962).

Owen, A. (2004) *The Place of Enchantment: British Occultism and the Culture of the Modern*. Chicago: University of Chicago Press.

Oxford University Press (1995—1996) Books new and forthcoming. Flyer.

Pacey, A. (1983) *The Culture of Technology*. Cambridge, MA: MIT Press.

Pacey, A. (1990) *Technology in World Civilization*. Cambridge, MA: MIT Press. Peirce, C. S. (1869) Ockam, lecture 2 and author's preamble. In *Writings of Charles*

S. Peirce: A Chronological Edition, Volume 2, 1867—1871 (ed. E. C. Moore). *Bloomington:* Indiana University Press.

Penfield, W. (1975) *The Mystery of the Mind: A Critical Study of Consciousness and the Human Brain*. Princeton, NJ: Princeton University Press.

Penrose, R. (1994) *Shadows of the Mind: A Search for the Missing Science of Consciousness*. Oxford: Oxford University Press.

Perlin, F. (1983) Proto-industrialization and pre-colonial south Asia. *Past and Present*, 98(Feb), 30–95.

Perrin, N. (1979) *Giving up the Gun: Japan's Reversion to the Sword, 1543—1879*. Boston: David R. Godine.

Petchesky, R. P. (1987) Fetal images: the power of visual culture in the politics of *reproduction*. In M. Stanhope (ed.), *Reproductive Technologies: Gender, Motherhood and Medicine*. Minneapolis: University of Minnesota Press.

Perrow, C. (1984) *Normal Accidents: Living with High-risk Technologies*. New York: Basic Books.

Piaget, J. (1930) *The Child's Conception of Physical Causality* (trans. M. Gabain). Paterson, NJ: Littlefield, Adams (1960).

Piaget, J. (1952) *The Child's Conception of Number* (trans. C. Gattegno and F. M. Hodgson). London: Routledge & Paul.

Pickering, A. (1995) *The Mangle of Practice: Time, Agency and Science*. Chicago: University of Chicago Press.

Pitt, J. (2000) *Thinking about Technology: Foundations of Philosophy of Technology*.

New York: Seven Bridges Press.

Plato (1992) *Republic* (trans. G. M. A. Grube and C. D. C. Reeve). Indianapolis: Hackett (selection in Scharff and Dusek, pp.8–18).

Poincaré, H. (1902) *Science and Hypothesis* (trans. R. B. Halstead). New York: Dover Publications.

Poincaré, H. (1913) *Last Thoughts*. New York: Dover Publications.

Polanyi, M. (1958) *Personal Knowledge: Towards a Post-critical Philosophy*. Chicago: University of Chicago Press.

Popper, K. (1934) *The Logic of Scientific Discovery*. New York: Basic Books (1959).

Popper, K. (1945) *The Open Society and Its Enemies*. London: Routledge.

Popper, K. (1962) *Conjectures and Refutations: The Growth of Scientific Knowledge*. New York: Basic Books.

Poundstone, W. (1992) *Prisoner's Dilemma: John von Neumann, Game Theory, and the Puzzle of the Bomb*. New York: Doubleday.

Proctor, R. N. (1999) *The Nazi War on Cancer*. Princeton, NJ: Princeton University Press.

Provine, W. B. (1986) *Sewall Wright and Evolutionary Biology*. Chicago: University of Chicago Press.

Putnam, H. (1981) *Reason, Truth and History*. Cambridge: Cambridge University Press.

Quammen, D. (1996) *The Song of the Dodo: Island Biogeography in an Age of Extinctions*. New York: Simon & Schuster.

Quine, W. v. O. (1951) Two dogmas of empiricism. In *From a Logical Point of View*. Cambridge, MA: Harvard University Press (1961).

Quinton, A. (1967) Cut-rate salvation. *New York Review of Books*, 9(9), Nov. 23.

Ravetz, J. R. (1971) *Scientific Knowledge and Its Social Problems*. New York: Oxford University Press.

Reid, C. (1970) *Hilbert*. New York: Springer-Verlag.

Reisch, G. (2005) *How the Cold War Transformed Philosophy of Science*. Cambridge: Cambridge University Press.

Rescher, N. (1983) *Risk: A Philosophical Introduction to the Theory of Risk Evaluation and Management*. Lanham, MD: University Press of America.

Reyna, S. P. and Downs, R. E. (1999) *Deadly Developments: Capitalism, States and War*. Amsterdam: Gordon and Breach.

Richards, J. F. (1990) The seventeenth-century crisis in south Asia. *Modern Asian*

Studies, 24(4), 625 – 638.

Rifkin, J. (1983) *Algeny*. New York: Viking Press.

Roberts, N. H. (1987) *Fault Tree Handbook*. Washington, DC: US Government Printing Office.

Robins, K. and Webster, F. (1990) Athens without slaves . . . or slaves without Athens? The neurosis of technology. *Science as Culture*, 7–53.

Rodinson, M. (1974) *Islam and Capitalism* (trans. B. Pearce). New York: Pantheon Books.

Ronan, C. (1978 –) *The Shorter Science and Civilization in China*. Cambridge: Cambridge University Press.

Rosenblatt, M. (ed.) (1984) *Errett Bishop: Reflections on Him and His Research*. Providence, RI: American Mathematical Society.

Ross, A. (1991) *Strange Weather: Culture, Science, and Technology in the Age of Limits*. London: Verso.

Ross, A. (1996) Introduction. In *Science Wars*. Durham, NC: Duke University Press.

Ross, A. (1998) *Real Love: In Pursuit of Cultural Justice*. New York: New York University Press.

Rossi, P. (1970) *Philosophy, Technology, and the Arts in the Early Modern Era*. New York: Harper & Row.

Rothman, B. K. (1986) *The Tentative Pregnancy: Prenatal Diagnosis and the Future of Motherhood*. New York: Viking.

Rothman, B. K. (2001) *The Book of Life: A Personal and Ethical Guide to Race, Normality, and the Implications of the Human Genome Project*. Boston: Beacon Press.

Rothschild, J. (ed.) (1983) *Machina ex Dea: Feminist Perspectives on Technology*. Oxford: Pergamon Press.

Rousseau, J.-J. (1750) *Discourse on the Science and the Arts*. In *The First and Second Discourses* (ed. R. D. Masters, trans. R. D. and J. R. Masters). New York: St Martin's Press (1964) (selection in Scharff and Dusek, pp.60 – 65).

Rousseau, J.-J. (1761) *Julie; or, The New Eloise: Letters of Two Lovers, Inhabitants of a Small Town at the Foot of the Alps* (trans. J. H. McDowell). University Park: Pennsylvania State University Press (1968).

Rousseau, J.-J. (1762) *Emile: Or, on Education* (trans. A. Bloom). New York: Basic Books (1979).

Russell, B. (1914) *Our Knowledge of the External World*. New York: New American

Library of World Literature (1958).

Sahlins, M. (1976) *Culture and Practical Reason*. Chicago: University of Chicago Press.

Saint-Simon, H. C. de (1952) *Selected Writings* (ed. and trans. F. Markham). Oxford: Blackwell.

Sale, K. (1995) *Rebels against the Future*. Reading, MA: Addison Wesley.

Salleh, A. (1984) Deeper than deep ecology: the eco-feminist connection. *Environmental Ethics*, 6(4), 339–345.

Saxton, M. (1984) Born and unborn: implications of the reproductive technologies for people with disabilities. In R. Arditti, R. D. Klein and S. Mindin (eds), *Test-tube Woman: What Future for Motherhood?* Boston: Routledge.

Saxton, M. (1998) Disability rights and selective abortion. In R. Solinger (ed.), *Abortion Wars: A Half Century of Struggle, 1950—2000*. Berkeley: University of California.

Scharff, R. S. and Dusek, V. (eds) (2002) *Philosophy of Technology: The Technological Condition, an Anthology*. Oxford: Blackwell.

Schivelbusch, W. (1979) *The Railroad Journey: The Industrialization of Time*. New York: Urizen. Reissued as *The Railway Journey: The Industrialization of Time and Space in the 19th Century*. Berkeley: University of California Press (1986).

Schumpeter, J. A. (1950) *Capitalism, Socialism, and Democracy*. New York: Harper & Row.

Scott, H. (1974) *Does Socialism Liberate Women? Experiences from Eastern Europe*. Boston: Beacon Press.

Searle, J. (1995) *The Construction of Social Reality*. New York: Free Press.

Shapin, S. (1994) *A Social History of Truth*. Chicago: University of Chicago Press.

Shapin, S. and Schaffer, S. (1985) *The Leviathan and the Air Pump: Hobbes, Boyle and the Experimental Life*. Princeton, NJ: Princeton University Press.

Sherman, D. H. (1998) Cover story. *Lingua Franca*, September, 24–26.

Simmel, G. (1900) *The Philosophy of Money*. London: Routledge & Kegan Paul (1978).

Sivin, N. (1973) Copernicus in China. *Studia Copernicana* (Warsaw), 6, 63–122. Reprinted in *Science in Ancient China. Researches and Reflections*. Aldershot: Variorum (1995).

Sivin, N. (1986) On the limits of emprical knowledge in Chinese and Western science. In J. T. Fraser et al. (eds), *Time, Science and Society in China and the West*. Amherst: University of Massachusetts Press. Expanded version in *Medicine, Philoso-*

phy, and Religion in Ancient China. Brookfield, VT: Ashgate, Variorum (1995).

Sivin, N. (1984) Reflections on "Nature on trial." In R. S. Cohen and M. Wartofsky (eds), *Methodology, Metaphysics and the History of Science. In Memory of Benjamin Nelson.* Dordrecht: Reidel.

Skinner, B. F. (1966) *Walden II.* New York: Macmillan.

Skinner, B. F. (1971) *Beyond Freedom and Dignity.* New York: Knopf.

Slovic, P., Fischhoff, B. and Lichtenstein, S. (1981) Perceived risk, psychological factors and social implications. *Proceedings of the Royal Society of London*, A376, 17–34.

Smeds, R., Huida, O., Haavio-Mannila, E. and Kauppinen-Toropainen, K. (1994) Sweeping away the dust of tradition: vacuum cleaning as a site of technical and social innovation. In C. Cokburn and R. F. Dilic (eds), *Bringing Technology Home: Gender and Technology in a Changing Europe.* Buckingham: Open University Press.

Smith, A. (1776) *An Inquiry into the Nature and Causes of the Wealth of Nations.* London: Methuen (1904).

Smuts, J. C. (1926) *Holism and Evolution.* New York: Macmillan.

Soble, A. (1995) In defense of Bacon. *Canadian Journal of Philosophy, Philosophy of the Social Sciences*, 25(2), 192–215. Revised version in N. Koertge (ed.), *A House Built on Sand: Flaws in the Cultural Studies Account of Science.* New York: Oxford University Press (1997) (also in Scharff and Dusek, pp.451–467).

Sokal, A. (1996) Transgressing the boundaries: toward a transformative hermeneutics of quantum gravity. *Social Text*, 46/47, 217–252.

Spence, J. D. (1984) *The Memory Palace of Matteo Ricci.* New York: Viking Penguin.

Sperry, R. (1983) *Science and Moral Priority: Merging Mind, Brain, and Human Values.* New York: Columbia University Press.

Srole, C. (1987) "A blessing to mankind, and especially womenkind": the typewriter and the feminization of clerical work, Boston, 1869–1920. In B. D. Wright (ed.), *Women, Work, and Technology: Transformations.* Ann Arbor: University of Michigan Press.

Stadler, F. (1982) *Arbeiterbildung in der Zwischenkriegszeit: Otto Neurath, Gerd Arntz.* Vienna: Löcker Verlag.

Stamos, D. N. (2001) quantum indeterminism and evolutionary biology. *Philosophy of Science*, 68(2), 164–184.

Stanley, A. (1995) *Mothers and Daughters of Invention: Notes for a Revised History of Technology*. New Brunswick, NJ: Rutgers University Press.

Steensgaard, N. (1990) The seventeenth century crisis and the unity of Eurasian history. *Modern Asian Studies*, 24(4), 683 – 697.

Tambiah, S. J. (1990) *Magic, Science, Religion and the Scope of Rationality*. Cambridge: Cambridge University Press.

Temple, R. (1986) *The Genius of China: 3000 Years of Science, Discovery, and Invention*. New York: Simon & Schuster.

Thom, René (1972) *Structural Stability and Morphogenesis* (trans. D. H. Fowler). Reading, MA: W. A. Benjamin (1975).

Thomas, K. (1971) *Religion and the Decline of Magic*. New York: Charles Scribner's Sons.

Thompson, E. (2004) Technology: not artifacts but acts. *American Scientist*, 92(6), 576–577.

Thompson, E. P. (1968) *The Making of the English Working Class*. Harmondsworth: Penguin.

Thompson, W. (1977) *William Morris: Romantic to Revolutionary*. New York: Pantheon Books.

Thornhill, R. (1979) Adaptive female mimicking behavior in a scorpionfly. *Science*, new series, 205(4404), 412–414.

Toulmin, S. (1961) *Foresight and Understanding*. Bloomington: Indiana University Press (selection in Scharff and Dusek, pp.109–116).

Tuana, N. (1996) Revaluing science: starting from the practices of women. In L. H. Nelson and J. Nelson (eds), *Feminism, Science, and the Philosophy of Science*. Boston: Kluwer Academic (also in Scharff and Dusek, pp.116–125).

Turkle, S. (1984) *The Second Self: Computers and the Human Spirit*. New York: Simon & Schuster.

Turkle, S. (1995) *Life on the Screen: Identity in the Age of the Internet*. New York: Simon & Schuster.

Turschwell, P. (2001) *Literature, Technology and Magical Thinking, 1880 –1920*. Cambridge: Cambridge University Press.

Uebel, T. E. (ed.) (1991) *Rediscovering the Forgotten Vienna Circle: Austrian Studies on Otto Neurath and the Vienna Circle*. Boston: Kluwer Academic.

Veblen, T. (1899) *The Theory of the Leisure Class*. New York: Mentor (1953).

Veblen, T. (1904) *The Theory of Business Enterprise*. New York: A. M. Kelley, Bookseller.

Veblen, T. (1918) *The Higher Learning in America: A Memorandum on the Conduct of Universities by Business Men*. Stanford, CA: Academic Reprints.

Veblen, T. (1921) *The Engineers and the Price System*. New Brunswick, NJ: Transaction Publishers (1983).

Virilio, P. (2000) *Polar Inertia* (trans. P. Camiller). Thousand Oaks, CA: Sage.

Vogel, H. U. (1993) The Great Well of China. *Scientific American*, June, 86–96.

Vogel, S. (1996) *Against Nature: The Concept of Nature in Critical Theory*. Albany: State University of New York Press.

Vogt, W. (1948) *The Road to Survival*. New York: Sloan.

von Glasersfeld, E. (1995) *Radical Constructivism: A Way of Knowing and Learning*. London: Falmer Press.

Vygotsky, L. S. (1925–1934) *Thought and Language*. Cambridge, MA: MIT Press (1986).

Vygotsky, L. S. (1925–1934) *Mind in Society: The Development of Higher Psychological Processes*. Cambridge, MA: Harvard University Press (1978).

Wajcman, J. (1991) *Feminism Confronts Technology*. University Park: Pennsylvania State University Press.

Walter, E. V. (1985) Nature on trial: the case of the rooster that laid an egg. In E. V. Walter, V. Kavolis and E. Leites (eds), *Civilizations East and West: A Memorial Volume for Benjamin Nelson*. Atlantic Highlands, NJ: Humanities Press.

Warren, K. (2001) Introduction to Part 3, Ecofeminism. In M. E. Zimmerman, J. B. Callicott, G. Sessions, K. Warren and J. Clark (eds), *Environmental Philosophy: From Animal Rights to Radical Ecology*, 3rd edn. Upper Saddle River, NJ: Prentice Hall.

Wartofsky, M. (1979) *Models: Representation and the Scientific Understanding*. Boston: Reidel.

Watson, J. B. (1925) *Behaviorism*. New York: Norton.

Watson, J. B. (1926) What the nursery has to say about instincts. In C. Murchison (ed.), *Psychologies of 1925*. Worcester, MA: Clark University Press.

Watt, K. E. F. (1968) *Ecology and Resource Management: A Quantitative Approach*. New York: McGraw-Hill.

Weber, M. (1904) *The Protestant Ethic and the Spirit of Capitalism* (trans. T. Parsons). London: Routledge (2001).

Weber, M. (1914) *Economy and Society: An Outline of Interpretive Sociology* (ed. G. Roth and C. Wittich, trans. E. Fischoff). New York: Bedminster Press (1968).

Weber, M. (1920) *The Rational and Social Foundations of Music* (trans. and ed. D. Martindale, J. Riedel and G. Neuwirth). Carbondale: Southern Illinois University Press (1958).

Weber, M. (1920/1a) *The Religion of China: Confucianism and Taoism* (trans. H. Gerth). Glencoe, IL: Free Press (1951).

Weber, M. (1920/1b) *The Religion of India: The Sociology of Hinduism and Buddhism* (trans. H. Gerth and D. Martindale). Glencoe, IL: Free Press (1958).

Weber, M. (1920/1c) *Ancient Judaism* (trans. H. Gerth and D. Martindale). Glencoe, IL: Free Press (1952).

Webster, C. (1982) *From Paracelsus to Newton: Magic in the Making of Modern Science*. Cambridge: Cambridge University Press.

Weinberg, A. (1966) Can technology replace social engineering? *University of Chicago Magazine*, October. Reprinted in M. Teich (ed.), *Technology and the Future*, 9th edn. New York: St Martin's Press (2003).

Weiner, J. S. (1955) *The Piltdown Forgery*. Oxford: Oxford University Press. Werskey, G. (1978) *The Visible College: The Collective Biography of British Scientific Socialists of the 1930s*. New York: Holt, Rinehart, and Winston.

Westfall, R. (1980) *Never at Rest: A Biography of Sir Isaac Newton*. Cambridge: Cambridge University Press.

White, L. J. (1962) *Medieval Technology and Social Change*. Oxford: Oxford University Press.

White, L. J. (1978) *Medieval Religion and Technology*. Berkeley: University of California Press.

Whitehead, A. N. (1922) *The Principle of Relativity*. New York: Barnes & Noble (2005).

Whitehead, A. N. (1925) *Science and the Modern World*. New York: Macmillan.

Whitehead, A. N. (1927) *Process and Reality: An Essay on Cosmology* (ed. D. R. Griffin and D. W. Sherburne). New York: Free Press (1978).

Williams, L. P. (1966) *Michael Faraday: A Biography*. New York: Simon and Schuster.

Williams, W. A. (1964) *The Great Evasion: An Essay on the Contemporary Relevance of Karl Marx*. New York: Hill and Wang.

Wilson, B. (ed.) (1970) *Rationality*. Oxford: Blackwell.

Wilson, E. O. (1978) *On Human Nature*. Cambridge, MA: Harvard University Press.

Wilson, E. O. and MacArthur, R. (1967) *Theory of Island Biogeography*. Princeton,

NJ: Princeton University Press.

Winner, L. (1977) *Autonomous Technology: Technics-out-of-control as a Theme in Political Thought*. Cambridge, MA: MIT Press (selection in Scharff and Dusek, pp.606–611).

Winner, L. (1993) Social constructivism: opening the black box and finding it empty. *Science as Culture*, 16, 427–452 (also in Scharff and Dusek, pp.233–243).

Winograd, T. and Flores, F. (1986) *Understanding Computers and Cognition*. Reading, MA: Addison-Wesley.

Wittgenstein, L. (1931) *Remarks on Frazer's Golden Bough* (trans. A. C. Miles, ed. and rev. R. Rhees). Doncaster: Brynmill Press (1979).

Wolfe, T. (1979) *The Right Stuff*. New York: Farrar, Straus, Giroux.

Wolin, R. (2001) *Heidegger's Children: Hannah Arendt, Karl Loewith, Hans Jonas, and Herbert Marcuse*. Princeton, NJ: Princeton University Press.

Wolpert, L. (1994) Do we understand development? *Science*, 266, 571–572.

World Commission on Environment and Development (1987) *Our Common Future*. Oxford: Oxford University Press.

Worster, D. (1977) *Nature's Economy: The Roots of Ecology*. Garden City, NY: Doubleday Anchor Press.

Wright, B. D. (ed.) (1987) *Women, Work, and Technology: Transformations*. Ann Arbor: University of Michigan Press.

Wright, R. (1995) The biology of violence. *New Yorker*, March 13, 67–77.

Yates, F. (1964) *Giordano Bruno and the Hermetic Tradition*. New York: Random House.

Yates, F. (1968) The hermetic tradition in Renaissance science. In C. Singleton (ed.), *Art, Science and History in the Renaissance*. Baltimore: Johns Hopkins University Press.

Yates, F. (1972) *The Rosicrucian Englightenment*. Boulder, CO: Shambala.

Young, R. M. (1985) *Darwin's Metaphor: Nature's Place in Victorian Culture*. Cambridge: Cambridge University Press.

Zea, L. (1944) *Positivism in Mexico* (trans. J. H. Schulte). Austin: University of Texas Press (1974).

Zea, L. (1949) Positivism and porphirism in Mexico. In F. S. C. Northrop (ed.), *Ideological Differences and World Order*. New Haven, CT: Yale University Press.

Zeitlin, I. (1968) *Ideology and the Development of Sociological Theory*. New York: Prentice Hall (7th edn 2001).

Zilsel, E. (1942) The sociological roots of science. In D. Raven, W. Krohn and R. S. Cohen (eds), *The Social Origins of Modern Science*. Boston: Kluwer Academic (2000).

Ziman, J. (1968) *Public Knowledge: The Social Dimension of Science*. Cambridge: Cambridge University Press.

Zimmerman, M. E. (1990) *Heidegger's Confrontation with Modernity: Technology, Politics, Art*. Bloomington: Indiana University Press.